肉用种鸭精准饲养管理与疾病防治

林化成　主编

U0257602

中国农业出版社

北　京

本书编写人员

主　编：林化成

副主编：姬红波　刘　剑　吕　鑫

参　编：赵敏孟　孙启波　刘　龙

　　　　张坤琳　王　建　应诗家

　　　　张干生

审　稿：龚道清

序

　　中国是世界水禽养殖生产大国，其中肉鸭的养殖生产量更是占到全世界的 75% 左右。鸭产业已成为我国畜牧业的重要组成部分和特色产业，对增加农民收入、提高我国畜牧业产值、提高畜牧业在国民经济中的比重发挥了重要作用。近几年，随着社会经济的快速发展和环境保护要求的提高，规模化养殖场和新的养殖模式不断出现，集约化程度进一步提高，造成一些旧的饲养方法和模式不再适应新的情况，这就对我国鸭养殖业提出了更高的要求。

　　该书根据我国养鸭业生产的实际需要，结合编者多年的科研、经验和推广结果，吸收了国内外优秀科技成果而编写。其内容包括了品种、繁育、营养、饲养管理、疾病预防控制等。

　　该书内容既有科学性又有普及性和实用性，是我国广大鸭行业从业者很好的一本参考书。

侯水生

2020.12.21

前　言

我国养鸭历史悠久，是水禽资源遗传多样性最丰富的国家之一，是世界上最大的鸭生产国、最大的鸭消费国。鸭产品已经成为我国居民饮食的重要组成部分，市场消费增长迅速。目前，我国鸭的养殖模式呈现了多元化的发展，饲养管理逐步科学化，区域优势明显，产业化程度越来越高。合理、健康、持续发展鸭产业对我国畜牧产业结构调整、优化动物蛋白供给、更好地满足人民日益增长的美好生活需要具有重要意义。

但在我国养鸭业快速发展、产业规模不断扩大的同时，也不可避免地面临着一些发展问题，如良种繁育体系不够完善，种鸭市场相对混乱，鸭苗质量参差不齐，养殖企业盲目扩张导致市场波动无常，养殖技术的限制导致产业发展受阻。

为了适应行业发展的新需要，根据在肉用种鸭养殖方面出现的新问题，以及在育种、营养、疾病等方面取得的新进展，笔者对《肉用种鸭饲养管理与疾病防治》进行了全面修订。在修订过程中，本着从实际出发，突出重点，贯彻"少而精"的原则，删减了部分重复的内容；对育种选育方面作了大量充实，并进一步完善了饲养管理和营养方面的内容；对疾病预防控制内容作了大量更新，删除了一些在水禽特别是种鸭上不常见的疾病。修订后的新版本，集成了近年来国内外种鸭领域的理论与应用技术研究成果，跟踪了种鸭业的发展，更具参考价值，更能精准地指导当前我国肉用种鸭产业健康发展。

本书的修订和审定工作，得到了国家水禽产业技术体系、扬州大学、国家水禽基因库的大力支持，谨表衷心的感谢！

由于时间比较仓促，很多工作做得不够充分，不足之处在所难免，恳请各位同仁批评指正。

编者

2021 年 3 月 9 日

目 录 CONTENTS

第二章　生物学特性及其品种/11

第三章　鸭场建设和养鸭设备/29

第四章　肉用种鸭的选择与繁育/47

第五章　种鸭营养需要与饲料/59

第六章 种鸭的饲养管理/93

第七章 种鸭疫病防治/125

第八章 鸭传染性疾病的诊断及防治/149

第九章　鸭寄生虫病的诊断与防治/189

第十章　鸭内科疾病及其他杂症的诊断与防治/197

第一章

概　述

第一节 我国养鸭业的现状及发展趋势

一、现状

我国鸭养殖具有悠久的历史，进入 20 世纪 80 年代以来，平均饲养量每年以 7%～8% 的速度增长。国家水禽产业技术体系数据显示，2019 年我国肉鸭出栏量达到 44.3 亿只，较 2018 年增长 33.2%，占全世界肉鸭总出栏量的 80%；总产肉量达 944.3 万吨，总产值达 1 425.3 亿元；鸭舌、鸭肫、鸭肠产量为 103 万吨。2002 年我国出口羽绒制品约 7 万吨，创汇 6.5 亿美元，是世界最大的羽绒生产国。2004 年我国成年蛋鸭的存栏量达到 3 亿～4 亿只，鸭蛋年产量达到 553 万吨，约占我国禽蛋总产量的 20.3%。2019 年农业农村部信息中心提供的数据显示，目前我国鸭产品的年产值已经接近 400 亿元人民币，产品远销东南亚、日本、韩国、欧盟等国家和地区，养鸭业已经成为我国农村增加经济收入的支柱产业之一。

鸭具有适应性强、食性广、生长速度快、早熟、繁殖能力强等特性。国内外市场对鸭产品的需求量很大，对其质量要求也日趋严格。对各种传统的鸭产品，如卤鸭、烤鸭、油淋鸭、盐水鸭、香酥鸭、板鸭、琵琶鸭、再制蛋（皮蛋、咸蛋、糟蛋）等均有较大需求，如今的活鸭、冻全鸭、冻分割鸭、鸭肥肝、鸭蛋、鸭绒等均为出口创汇的畅销产品。

养鸭是家禽养殖业的一个重要组成部分，鸭不仅向人们提供营养丰富、味道鲜美的鸭肉、鸭蛋、多种轻工业及医药制品原料。同时，鸭群可以起到中耕、除草、捕虫积肥的作用，有利于农业生产发展。养鸭所需的设备较为简单，投资少，收益大。种鸭既能旱养也能在江、河、湖泊中养殖，因此我国鸭的养殖遍布大江南北，如我国的四川、广东、湖南、江苏、江西、广西、福建、山东、安徽、湖北、浙江、重庆这 12 个省（直辖市）都是种鸭的养殖基地。

二、趋势

主要表现在以下几方面：

第一，肉鸭业将得到进一步发展。目前，我国肉鸭养殖在家禽中的所占比例还偏低。在饲养方式上，利用江、河、湖泊和鱼塘等水面养鸭，采用鱼塘和养鸭相结合的模式，仍然是肉鸭养殖的主要方式。国家已推出 300 多家农业产业化龙头企业，今后通过国家政策扶持的规模养鸭企业将会有所增加。

第二，配套系的利用将逐步增多。目前饲养的蛋鸭还是以单一地方品种为主，生产性能相对落后。今后将更多地利用专门化品系进行配套杂交或经济杂交，加快遗传资源的利用。由于青壳蛋蛋壳厚度和强度均优于白壳蛋，因此该品种的饲养量在逐步增加。

第三，产品加工将成为产业链中的重要一环。鸭蛋主要通过加工成皮蛋、咸蛋等产品上市。同时，鸭胴体可以加工成酱鸭、卤鸭等美味食品。因此，鸭产品加工将会得到高度重视。

第四，鸭用疫苗研制速度将逐渐加快。目前国内鸭用疫苗只有很少的几种，对鸭病的研究滞后于生产的需求。今后将加大投入，尽快使疫苗和药品投入生产，以满足养鸭业持续、稳定、发展的需求。

第二节 现代肉鸭及其特点

现代肉鸭是指按配套系批量生产的、采用集约化方式饲养的杂交肉用商品鸭。雏鸭不论公、母，养到6～8周龄一律屠宰，专门作为肉用，这是当代肉鸭生产的主要方式。现代商品肉用仔鸭具有生长特别迅速、体重大、出肉率多、肉质优、饲料转化率高、生产周期短、全年批量生产及种鸭繁殖性能好等突出特点。

一、早期生长速度快，饲料转化率高

大型肉鸭的早期生长速度是所有家禽中最快的。初生雏鸭6周龄体重可达3千克，49天可以达到3.5千克。7周龄时，料重比为（2.6～2.8）∶1。因此，养殖肉用仔鸭要尽量利用其早期生长速度快、饲料转化率高的特点，在最佳屠宰日龄出售。

二、体重大，出肉率多，肉质好

大型肉鸭的上市体重一般在3.0千克以上，比肉用麻鸭上市体重多1/3～1/2，尤其是胸肌占比较高，因此出肉率高。8周龄上市的大型肉用仔鸭其胸肌和腿肌重可达600克以上，占全净膛胴体重的25%以上，胸肌重可达350克以上。这种肉鸭肌间脂肪含量多，所以特别细嫩可口。

三、生产周期短，可全年批量生产

大型肉用仔鸭由于早期生长特别迅速，全程饲养期为 6～8 周，因此每一批肉用仔鸭的生产周期极短，资金周转很快，这对集约化养殖肉用仔鸭的经营者十分有利。由于大型肉用仔鸭是舍饲饲养，加以配套系的母系产蛋量甚高，几乎无季节性的限制。因此，大型肉用仔鸭可以全年生产 4～6 批，并可根据市场需求的变化及时调整生产批次和产量。

四、种鸭繁殖性能强，总产肉率高

现代大型肉鸭一般 25 周龄开产，开产后再经过 42 周龄时产蛋量可达 220～240 枚，可提供商品鸭苗 170～190 只。一只母鸭按其产蛋量可孵化雏鸭 170 只、雏鸭成活率 95%、雏鸭 49 日龄体重达 3.5 千克计算，饲养到 42 周龄时可产仔鸭体重合计 565 千克，是母鸭体重的 140 倍。

五、采用全进全出制，建立产销加工联合体

大型肉用仔鸭饲养到 8 周龄以上，增重减缓，饲料转化率随之下降。当前，活体销售或冻鸭的屠宰日龄以 6～7 周龄获得的经济效益最佳，生产分割鸭肉以 8 周龄为适合。因此，大型肉用仔鸭的生产采用分批全进全出的生产流程，根据市场需要，在最适屠宰日龄批量出售，以获得最佳经济效益。为此，必需建立屠宰、冷藏、加工和销售网络，以保证全进全出制的顺利实施。

六、饲养种鸭经济效益高

饲养种鸭是一项投资少、见效快的致富产业。另外，鸭抗病力强，耐寒，易饲养，对饲养设备要求较简单。以除孵化室和育雏舍外的其他房舍和设备

投资来算，养鸭生产投资仅为养鸡的 20％～33％。肉种鸭年产蛋量可达 260 枚左右。

例如：某养殖户购进樱桃谷 SM3 父母代种雏鸭母鸭 1 100 只，公鸭 300 只；育雏期末存栏母鸭 1 050 只，公鸭 250 只；育成期末存栏母鸭 1 000 只，公鸭 200 只。饲养周期 1.5 年，每只种母鸭提供 180 只雏鸭，鸭苗价格 2.9 元/只。淘汰鸭每只体重 3.0 千克，价格 8 元/千克。产蛋期死淘率 7％。

1. 成本计算

（1）鸭舍与设备费　每亩地中，养殖实用面积以 570 米² 计算（建大舍 2 座），适宜养殖密度为 3 只/米²，则可养鸭 570 米²×3 只/米²＝1 710 只。鸭舍预计投资 9.6 万元，使用寿命 15 年，残值为 0；设备投资 1.5 万元，使用寿命 15 年，残值为 0。每年的维修费 2％。饲料周转资金 8.0 万元。

（2）鸭苗款　（1 100＋300）只×6 元/只＝0.84 万元。

（3）饲料费　饲养一只种鸭约需饲料 103 千克，其中育雏期 5 千克、育成期 14 千克、产蛋期 84 千克。饲料价格：按育雏鸭料 3.0 元/千克，育成鸭料 2.5 元/千克，产蛋鸭料 2.8 元/千克。育雏期 1 400 只×5 千克/只×3.0 元/千克＝2.1 万元，育成期（1 050＋250）只×14 千克/只×2.5 元/千克＝4.55 万元，产蛋期（1 000＋200）只×84 千克/只×2.8 元/千克＝28.224 万元。

以上费用共计 34.874 万元。

（4）人员工资和福利费　鸭场有工人 3 名。

工资：3 人×1 000 元/月×18 个月＝5.4 万元

福利：3 人×150 元/年×1.5 年＝0.0675 万元

以上费用共计 5.4675 万元。

（5）水费和电费　共计 0.07 万元。

（6）防疫费　共计 0.1 万元。

（7）固定资产折旧费

鸭舍折旧费：（9.6－0）万元÷15 年×1.5 年＝0.96 万元

设备折旧费：（1.5－0）万元÷15 年×1.5 年＝0.15 万元

鸭舍和设备维修费：（9.6＋1.5）万元×2‰×1.5 年＝0.333 万元

以上费用共计 1.443 万元。

（8）资金占用利息　（9.6＋1.5＋8.0）万元×8％（年息）×1.5 年＝2.292 万元。

（9）管理费　4 万元。

（10）其他费用　1 万元。

总成本＝（2）＋（3）＋（4）＋（5）＋（6）＋（7）＋（8）＋（9）＋（10）＝50.086 5 万元。

2. 产出计算

（1）销售鸭苗收入　1 000 只×180 只×2.9 元/只＝52.2 万元。

（2）销售食用鸭蛋收入　1 000 只×2.5 千克×6 元/千克＝1.5 万元（2.5 千克是每只鸭产的鸭蛋重量，6 元是食用鸭蛋销售价格）。

（3）销售淘汰鸭收入　1 000 只×3.0 千克/只×8 元/千克＝2.4 万元。

以上总收入 56.1 万元。

3. 效益分析

（1）纯收入　56.1 万元－50.086 5 万元＝6.013 5 万元。

（2）成本产出率　56.1 万元÷50.086 5 万元×100％＝112.01％。

（3）成本利润率　（56.1 万元－50.086 5 万元）÷50.086 5 万元×100％＝11.48％。

（4）资金利润率　（56.1 万元－50.086 5 万元）÷（9.6 万元＋1.5 万元＋2.292 万元）×100％＝44.88％。

注：种鸭的养殖周期为 1.5 年，6.013 5 万元是饲养 1.5 年获取的收入，6.013 5 万元÷1.5 年，其值约 4 万元，即代表的是养殖一年获得的纯收入。

第三节　现阶段影响肉种鸭养殖效益的主要因素

目前，饲料价格猛涨，饲养肉种鸭的经济效益降低，如何提高养殖效益是当前较为迫切的问题。现阶段影响肉种鸭养殖效益的主要因素为：

一、市场

主要看所在养殖地区是否有鸭加工的龙头企业来消化鸭产品，如果没有则很难解决鸭养殖的销路问题。

二、品种

产蛋率的高低、产蛋周期和产蛋持续时间的长短、蛋重的大小、受精率的高低等都与品种密切相关。选择好的饲养品种，产蛋量可以成倍提高。我国鸭品种资源不仅非常丰富，而且质量也好。《中国家禽品种志》中，已收录的鸭优良品种有 12 个，即北京鸭、樱桃谷鸭、天府肉鸭、番鸭、绍兴鸭、金定鸭、建昌鸭、高邮鸭、攸县麻鸭、连城白鸭、卡基·康贝尔鸭和荆江鸭。

三、饲料

　　饲料是养好鸭的基础，其费用通常占总成本的 65%～75%。饲养种鸭要根据其营养需要而配制全价饲料，如果自配饲料，则要考虑种鸭的营养需要，并按配制原则和方法进行配制。

第二章

生物学特性及其品种

第一节　外貌特征

鸭在动物分类学上属脊椎动物门，鸟纲，水禽目，雁鸭科，鸭属。鸭的祖先野鸭善飞翔，能游水。通过人类长期的驯化，鸭的飞翔能力大大减弱，生产性能显著提高，但仍然有着与飞禽生活环境相适应的外貌及其解剖学特征。

一、头部

鸭头部除喙（嘴）以外，脸部和耳部均覆有短的羽毛。喙长，呈扁平的筒状，有角质。有上下两片颚，上大下小，相邻的边缘有锯齿状的空隙，可以借舌的运动汲水、排水，洗涤食物。上颚前端向下长一坚硬的嘴豆，色较喙的暗，采食时有"锄头"的作用；上颚和锯齿状的上、下颚边缘及大上颚、小下颚合拢后，能钳住较大的饲料。喙基两侧为鼻孔开口处。眼睛圆而大，瞬膜发达。

二、颈部

鸭颈较细而长，与头部连结灵活，平常约成直角，在采食时则可近似成一条直线。可左右翻转，梳理除头部和上颈部以外的任何部位的羽毛。

三、体躯

体躯披满松而厚的羽毛，呈船形，分为胸、背、腰、荐、肋、腹、尾等部分。鸭的品种、性别、年龄不同，其体躯各部位的情况也不同。母鸭产蛋时，后躯加厚加宽，只是全身呈楔形。

鸭体躯的中轴与地平面所构成的角度，叫体轴角。体轴角有大有小。一般来说，体型宽大的鸭，体轴角较小，举止比较笨重；体型窄小的鸭，体轴角较大，举止轻巧、灵活。

四、脚

鸭脚短，位于体躯后侧，既便于母鸭产蛋时后躯加重而保持平衡，也便于鸭倒立时拨水，利于深水采食。

鸭脚趾部皮肤裸露，角质化，呈鳞片状。两脚各有四个趾，三前一后。前三个趾间有蹼，前进时缩拢并向后弯曲，以减少阻力；划动时张开，似桨划水推动身体前进；在浅水中采食时，连同趾尖的爪，用于扒开稀泥。

五、羽毛

鸭除喙、眼、脚以外，全身披满羽毛。羽毛重量约占体重的 6%，而体积却占鸭总体积的一半。由于羽毛主要由角蛋白构成，故长羽毛时需保证蛋白质的供给。羽毛蓬松、软和，能防止鸭受到轻度的机械损伤；绒羽可以在相互的间隙间贮存一些空气，而外部的正羽又紧贴绒羽，故有很好的保温作用。到了热天，外部的正羽稍稍松开并颤动，可以散热。

羽毛按其形状，可分为四种：雏鸭特有的绒毛，大鸭的正羽、纤羽和绒羽。正羽一般有较为粗大的羽轴和羽片。羽轴呈管状，下端无毛处称为羽根，内有髓质、血管和神经纤维。羽片由羽支、羽小支和羽纤支交织而成。鸭的翅羽和尾羽羽片分支上有小钩连接，比较结实。纤羽大部分分布在头、颈、脚上缘，身体各部位的绒羽下也有存在。绒羽俗称鸭绒，羽轴小，常弯曲，羽片也小。

羽毛因生长部位不同，因而有不同的命名，如有颈羽、腋羽、翅羽、尾羽、腹羽、胸羽。翅羽又称飞羽，包括主翼羽和副翼羽。公麻鸭的副翼羽比较明亮，有绿色光泽者称为镜羽。

羽毛颜色多，花纹也复杂，有单纯的白色、黄色、酱色、黑色；有褐色、黄色中带黑斑点的；有上列各种颜色相间的横纹，如直纹羽毛、镶边的羽毛和杂乱颜色的羽毛。

羽毛因鸭出生时间不同而有区别：新羽整齐、新鲜、光滑，质地柔软，羽根内因充满血液（俗称"排血墩"）而呈暗红色；老羽常残破不全，呈锈黄色，无光泽，粗糙，易沾水而不易干水，羽根白色，坚硬、内空，髓质干枯。

第二节　生活习性

一、喜水性

鸭喜欢在水中觅食、嬉戏、求偶和交配，在干燥场所栖息和产蛋。采取舍饲方式饲养种鸭，最好设置一些饮水槽和戏水池。鸭的尾脂腺发达，能分泌含有脂肪、卵磷脂、高级醇的油脂。鸭在梳理羽毛时，常用喙压迫尾脂腺，挤出油脂，再用喙将其均匀地涂抹于全身羽毛上，以润泽羽毛，使羽毛不被水浸湿，能有效地起到隔水、防潮、御寒的作用。鸭羽毛致密，保暖性能好，但散热功能差，故鸭不怕寒冷而怕炎热。在集约化养鸭场，多采用搭凉棚或悬挂遮光布网给鸭防暑降温。鸭喜欢待在水中，但水面太窄、水质太差时，鸭在陆地上或厚垫料（草）上饲养也能正常交配。

二、耐寒怕暑

　　成年鸭的体表覆盖着非常致密且多绒毛的正羽，保温性能好。即使在严冬，鸭仍能在水中嬉戏、觅食。鸭长时间在冰冷的水中，仍然能保持脚内体液流畅而脚掌不会被冻伤。故在严寒的冬季，只要饲料好，鸭舍干燥，有充足的饮水，则鸭仍然能维持正常体重和产蛋。相反，鸭对炎热环境的适应性稍差，加上鸭无汗腺，排汗散热功能较差，因此在气温超过 25℃ 时散热较困难。尤其是体大、脂肪厚的鸭，其耐热性能更差。在夏季，鸭食欲下降，采食量减少，产蛋量也下降。因而，鸭舍不能建得太矮，并且要有足够数量的通风窗户。在炎热的夏季，一定要做好遮阳防暑工作。

三、合群性

　　鸭性情温驯，胆小，少争斗，喜合群，较少单独行动。受过训练的鸭群可以招之即来，挥之即去。鸭群在放牧中可以行走 5 千米左右而不紊乱。当到达一个陌生地时，头鸭往往迟迟不举步，只有后面的鸭拥挤上来才被迫前行。鸭若离群独处，则会高声鸣叫，一旦得到同伴的应和，则寻声而归群。只要有比较合适的饲养条件，不论鸭龄大小，混群饲养时争斗现象不明显。但在喂料时一定要让群内每只鸭都有充分的吃料位置，否则将有一部分个体由于吃料不足而消瘦。因此，鸭适应大群放牧饲养或圈养，也比较容易管理，便于集约化饲养。

四、耐粗性

　　鸭食谱比较广，很少有择食现象；再加上颈长灵活，又有良好的潜水能力，故鸭可利用的饲料品种比鸡的广，能采食各种精饲料、粗饲料和青绿饲料。鸭耐粗饲且觅食力强，喜食多种水生动植物及浮游生物。由于鸭的嗅觉、味觉不发达，对饲料要求不高，凡是无酸败和异味的饲料都会大口吞咽，因此不论精饲料、粗饲料或青饲料等都可以作为其饲料，故饲养时成本较低。鸭食管容积大，能容纳较多的食物。肌胃强而有力，可借助沙砾较快地磨碎食物。

五、夜间产蛋性

禽类大多是白天产蛋，而鸭则是夜间产蛋。母鸭产蛋时喜暗光，多集中在下半夜至凌晨，这一特性为鸭的白天放牧提供了方便。夜间母鸭不会在产蛋窝内休息，仅在产蛋前 30 分钟左右才进入产蛋窝，产后稍歇即离去，恋窝性很弱。刚开产的母鸭产蛋时间一般集中在 1：00～5：00。因此，在产蛋集中的时间应增加收蛋次数。

六、敏感性

鸭胆小，在受到突然惊吓或不良应激时，容易导致产蛋量减少乃至停产。鸭对人、畜的声音及偶然出现的色彩、强光等的刺激均有害怕的感觉，这种惊恐行为在 1 月龄左右即开始出现。如噪声突然达到 80～100 分贝，产蛋鸭受惊后，产蛋量会下降 20% 左右，产软壳蛋的比例明显增加。因此，应保持种鸭养殖环境的安静、稳定，防止犬、猫、鼠等进入鸭舍。

七、生活有规律

鸭群比较容易接受训练和调教，然后形成一定的生活规律，使觅食、戏水、交配和产蛋行为都有相对固定的时间，这种规律一经形成，就不易改变。因此，制定的操作管理日程也不要轻易改变。放牧鸭群的生活规律一般是：上午以觅食为主，间以浮游和休息；中午以浮游、休息为主，间以觅食；下午则以休息居多，间以觅食。一般来说，产蛋鸭傍晚采食量多，不产蛋鸭清晨采食量多，这与晚间停食时间长和形成蛋壳需要钙、磷等有关，因此早晚应多投料。鸭的配种一般在早晨和傍晚进行，交配行为以傍晚较多，熄灯前2~3小时交配频率最高。垫草料地面是安全的交配场所，因此，种鸭要晚关灯，实行垫料地面平养，这样有利于提高受精率。产蛋多在后半夜至清晨。产蛋旺季一般在春季，夏季则开始换羽并逐渐停产。

八、无就巢性

鸟类的就巢性（俗称"抱窝"）是繁衍后代的生活习性。但鸭经过人类的长期驯化、选育后，已丧失了就巢的本能，这样就延长了产蛋的时间。

九、较强的抗逆性

鸭对不同气候环境的适应能力较鸡强，从寒带到热带、从沿海到陆地，都有分布。鸭的适应范围广，生活力强，对疾病的抵抗力也比鸡强，因此鸭病比鸡病少。但应注意：鸭群若发病并出现死亡后，比鸡的发展速度要快，因此每天都要认真观察。

十、定巢性

公、母鸭的交配行为随年龄增长而降低，每增长100天，公鸭交配次数减少7~8次，母鸭减少1~15次。因此，要充分利用青年公鸭，淘汰老龄鸭。

鸭产蛋具有定巢性，第一枚蛋产在什么地方，以后仍然到什么地方产蛋。如果该地方被别的鸭占用，则产蛋鸭会在蛋窝门口站立等待而不进旁边的空窝。由于排卵在产蛋后半小时左右发生，因此若鸭等待时间过长，则会延迟排卵，减少产蛋量。若等到产蛋窝时，往往几只鸭挤在同一个窝里产蛋，虽受到正在产蛋母鸭的竭力驱赶，也毫不在乎。被驱赶走的鸭在无处产蛋时，只好另找一个较为安静的去处，结果窝外蛋和脏蛋增多。因此，在开产前应设置足够的产蛋窝。

十一、抗病力强

为了获得较强的抗病力，在漫长进化过程中，鸭的免疫器官如胸腺等退化较晚，这样就大大增强了机体的抗病力。因此，鸭的抗病力较强。

第三节　繁殖学特性

一、性成熟早

蛋用型鸭的开产日龄一般为 100～140 天，有的甚至在 90 天左右即可产蛋。肉用型和兼用型鸭的开产日龄为 180 天左右。譬如，麻鸭 16～17 周龄开始产蛋，北京鸭 20 周龄开始产蛋，樱桃谷鸭和狄高鸭 26 周龄开始产蛋。

二、繁殖率高

鸭的产蛋率高，在一个生物学年度内蛋用型鸭的产蛋数能够达到 280～

295 枚，优秀群体可达 300 枚以上。大型肉鸭父、母代种鸭年产合格蛋 240～250 枚，兼用型鸭品种的年产蛋量也能达到 160～180 枚。如果以受精率和孵化率各占 90％、育雏率占 95％计算，则一只蛋用品种的母鸭一年可以繁殖 215～227 只鸭，一只肉用品种的母鸭一年可以繁殖 184～192 只鸭，一只兼用品种的母鸭一年可以繁殖 123～138 只鸭。

三、公鸭配种能力强

公、母配比，蛋用型鸭为 1∶（25～30），兼用型鸭为 1∶（10～12），大型肉鸭为 1∶（5～7）。种公鸭对母鸭没有明显的偏爱性，交配的性癖表现不多，受精率可达 90％以上。

1. 全年繁殖 在正常的饲养管理条件下，鸭交配和产蛋不受季节影响，可以连续产蛋，不存在季节性休产。

2. 一般无就巢性 在驯化和选育过程中，家鸭已经失去了就巢性（番鸭除外）。在生产实践中，可能遇见个别成年母鸭伏卧在鸭蛋上，但不会长时间伏卧，稍加驱赶就会离巢而去。家鸭的无就巢性增加了产蛋时间，但孵化和育雏则需人工进行。

四、种鸭的利用年限短

种母鸭一般是每 2～3 年更换一次，因为第 1 年产蛋量最高，次年下降 10％～15％，第 3 年再下降 15％～25％。饲养时间在 3 年以上的鸭所产的蛋，其受精率和孵化率显著降低，雏鸭发育不好，死亡率也高，因此母鸭饲养到第 4 年时应作淘汰处理。肉用种母鸭的利用年限比蛋用鸭的短，一般至 3 年予以淘汰。肉用种公鸭配种年限一般为 1～2 年。

第四节　肉鸭品种

一、北京鸭

北京鸭是世界著名的优良肉用鸭标准品种，原产于我国北京市西郊玉泉山一带，现大量分布于世界各国。该品种具有生长速度快、繁殖率高、适应性强和肉质好等优点，是闻名中外的"北京烤鸭"的制作原料。

1. 体型外貌　北京鸭体型硕大、丰满，挺拔、美观。头较大。喙中等大小。眼大而明亮，虹彩呈青灰色。颈粗，中等长。体躯长方形，前部昂起，与地面约成30°角，背宽平，胸部丰满，胸骨长而直，两翅较小而紧附于体躯。公鸭体躯较母鸭的长，颈较短而粗，尾短而上翘，有4根卷起的性羽。母鸭背部较公鸭的短、宽，颈较细。产蛋母鸭因输卵管发达而腹部丰满，显得后躯大于前躯，腿短而粗，蹼宽而厚。全身羽毛丰满，羽色纯白并带有奶油光泽；喙、胫、蹼为橙黄色或橘红色。初生雏鸭羽绒为金黄色，称为"鸭黄"，随日龄增加颜色逐渐变浅，至4周龄前后变成白色。至60日龄羽毛长齐，喙、胫、蹼为橘红色。

2. 生产性能

（1）产肉性能　北京鸭雏鸭重一般为58～62克，3周龄体重为1.75～2.0千克，7周龄体重为3千克以上。活重与耗料比为1：（2.8～3.0）。长期以来，北京鸭主要用于生产填鸭，生产程序分为幼雏、中雏和填鸭。幼雏和中雏亦称"鸭坯子"阶段，饲养7周左右，以后再填10～15天，使填鸭达到2.75千克左右的出售标准。北京鸭因有两种肉鸭生产方式，故而胴体品质有所不同，其中填鸭的胴体脂肪率较高，瘦肉率低于未经填饲的肉鸭胴体。填鸭的半净膛屠宰率公鸭为 80.6%，母鸭为 81.0%；全净膛屠宰率公鸭为 73.8%，母鸭为 74.1%；胸肌和腿肌占净膛的比例，公鸭为 6.5% 和 11.6%，母鸭为 7.8% 和 10.7%。自由采食饲养的肉鸭其半净膛率公鸭为 83.6%，母鸭为 82.2%；全净膛率公鸭为 77.9%，母鸭为 76.5%；胸肌率公鸭为 10.3%，母鸭为 11.9%；腿肌率公鸭为 11.3%，母鸭为 10.3%。

（2）产肝性能　北京鸭有较好的肥肝生产性能，是国外生产肥肝的主要鸭种。用 80～90 日龄北京鸭或北京鸭与瘤头鸭杂交的杂种鸭，填饲 2～3 周后，每只可产肥肝 300～400 克，而且填肥鸭的增重速度快，可达到肝、肉双收的目的。

（3）繁殖性能　北京鸭成年公鸭体重为 4.0～4.5 千克，成年母鸭体重为 3.5～4.0 千克。开产日龄为 150～170 天，年产蛋量 220～250 枚，蛋重 90～100 克，蛋壳为乳白色。公母配比为 1：5，种蛋受精率为 90%，受精蛋孵化率为 90% 左右，一只母鸭可年生产 150 只肉用雏鸭。

二、天府肉鸭

天府肉鸭系四川农业大学以引进的肉鸭父母代和地方良种为素材，选育而成的具有遗传性能稳定、适应性和抗病力强的大型肉用配套系。广泛分布于四川、重庆、云南、等省（市），具有良好的适应性和优良的生产性能。

1. 体型外貌　天府肉鸭体型硕大、丰满，挺拔、美观。头较大，颈粗，中等长，体躯呈长方形，前躯昂起时与地面呈 30°角，背宽、平，胸部丰满，尾短而上翘。母鸭腹部丰满，腿短粗，蹼宽而厚。公鸭有 2～4 根向背部卷曲的性羽。羽毛丰满而洁白。喙、胫、蹼呈橘黄色。初生雏鸭绒毛黄色，至 4 周龄时变为成白色羽毛。

2. 生产性能

（1）产肉性能　商品代肉鸭，28 日龄活重为 1.6～1.86 千克，料重比为（1.8～2.0）∶1；35 日龄活重为 2.2～2.37 千克，料重比为（2.2～2.5）∶1；49 日龄活重为 3.0～3.2 千克，料重比为（2.7～2.9）∶1。7 周龄全净膛屠宰率为 71.9%～73%。

（2）繁殖性能　父、母代种鸭成年体重公鸭为 3.2～3.3 千克，母鸭为 2.8～2.9 千克。180～190 天时开产，产蛋率达 5%。入舍母鸭年产合格种蛋 230～250 枚，蛋重 85～90 克，受精率达 90% 以上，每只母鸭提供健雏数 180～190 只。

三、中畜草原白羽肉鸭配套系

中畜草原白羽肉鸭由 S1、S2、S3、S4 共 4 个专门化的品系配套组成，是以北京鸭为遗传资源，采用数量遗传学原理、闭锁群家系选育技术培育的新型肉鸭新品种，创新性地采用了种鸭二维码数据收集系统，超声波测定种鸭胸肌厚度技术，多元回归模型准确估测种鸭胸肌率技术，"剩余饲料采食量"选育技术，种鸭体重、饲料转化效率、胸肉率、繁殖率等重要性状的家系选种技术等。S1 品系为父本父系，其生长速度快，体型大，饲料转化率；S2 品系为父本母系，其生长速度快，体型适中，饲料转化效率与胸肌率高，运动能力、抗病能力、受精能力均较强；S3 品系为母本父系，其繁殖性能强（产蛋量高、受精率高），生长速度与体型适中，饲料转化效率与胸肉率高；S4 品系为母本母系，其繁殖性能强（产蛋量高、受精率高），饲料转化效率高，体型小，运动能力较强。

经过 9 年 9 个世代的持续选育，S1 品系公鸭 35 日龄平均体重为 3 795 克，母鸭平均体重达到 3 591 克，饲料转化效率分别为 1.839∶1 和 1.933∶

1；S2 品系公、母鸭 35 日龄的饲料转化率分别为 1.85∶1 和 1.92∶1；S3 品系公、母鸭 35 日龄的饲料转化率分别为 1.77∶1 和 1.83∶1，66 周龄种鸭的平均产蛋量达到 241.4 枚；S4 品系公、母鸭 42 日龄的饲料转化率分别为 1.95∶1 和 2.13∶1，66 周龄平均产蛋量达到 268.6 枚。

中畜草原白羽肉鸭配套系父母代种鸭 75 周龄产蛋量达到 280 枚，其商品代肉鸭 42 日龄体重 3 496g，料重比 1.92∶1，成活率 98.6％，胸肉率 15.3％，腿肉率 10.2％，皮脂率 22.5％。生产性能达到国际领先水平。

四、樱桃谷鸭

樱桃谷鸭是由英国樱桃谷农场以引入的北京鸭和埃里斯伯里鸭为亲本、杂交选育而成的配套系，是世界著名的肉用鸭，在各种气候、地形、饲养方式下均可饲养，具有生长速度快、瘦肉率高、净肉率高和饲料转化率高的优点。樱桃谷鸭在我国推广后，很受欢迎，各省、市均有饲养。2017 年 9 月 11 日，中信农业科技股份有限公司和北京首农集团联合收购了英国樱桃谷农场 100％的股权。

1. 体型外貌　由于樱桃谷鸭含有北京鸭的血液，故酷似北京鸭外貌，但体躯要比北京鸭的稍宽一些。樱桃谷鸭全身羽毛洁白；头大额宽，鼻脊较高，喙、胫、蹼均为橙黄色或橘红色；颈粗、短；翅膀强健，紧贴躯干；背部宽而长，从肩到尾部稍倾斜；胸部较宽深，肌肉发达；脚粗而短。

2. 生产性能

（1）**产肉性能**　樱桃谷鸭雏鸭重 55 克，早期生长速度快，SM 系超级肉鸭商品代 7 周龄活重 3.3 千克，活重与耗料比为 1∶（2.6～2.8），40 日龄后即可上市。半净膛屠宰率为 85.55％，全净膛屠宰率为 72.55％。

（2）**繁殖性能**　近年推广的 SM 系父、母代肉鸭（超级肉鸭）开产日龄为 26 周龄，开产体重为 3.1 千克。每只母鸭 40 周龄产蛋 220 枚，蛋重 80～85 克，种蛋孵化率为 78％，可提供雏鸭 178 只。成年公鸭体重 4.0～4.5 千克，成年母鸭体重 3.0～3.2 千克。

五、奥白星鸭

该品种为法国奥白星公司采用品系配套方法育成的优良肉用型鸭，具有生长速度快、早熟易肥、体型硕大、屠宰率高等优点。

1. 体型外貌 奥白星鸭体型硕大而丰满，挺拔而强健，头、颈部中等长度，较粗；体躯呈长方形，前胸突出，背宽而平，胸骨长而直，躯体倾斜度小，几乎与地面平行；双翅较小，紧附于躯体两侧；尾羽短而翘。公鸭体躯较母鸭的长，尾部有 2～4 根卷起的性羽；母鸭腹部丰满，脚粗短，蹼宽厚。雏鸭绒毛金黄色，4 周龄前后变成白色。成年鸭全身羽毛白色，喙、胫、蹼均为橙黄色或灰白色。

2. 生产性能

（1）产肉性能 商品代肉鸭 42～49 日龄体重达 3.4～3.8 千克，料重比为（2.3～2.5）∶1。

（2）繁殖性能 父母代种鸭开产日龄为 25 周龄，开产体重为 3 千克。每只母鸭 42 周龄产蛋 230～250 枚，种蛋受精率为 92％～95％。

六、枫叶鸭

枫叶鸭是美国美宝公司培育的商业品种，具有抗病力强、瘦肉率高、风味好、产蛋多的优点。

1. 体型外貌 枫叶鸭雏鸭绒羽淡黄色，成年鸭全身羽毛白色。枫叶鸭体型较大，体躯前宽后窄，呈倒三角形，体躯倾斜度小，几乎与地面平行。背部宽而平。公鸭头大颈粗，脚粗长；母鸭颈细长，脚细短。喙大部分为橙黄色，小部分为肉色，胫和蹼为橘红色。

2. 生产性能

（1）生长性能　商品代枫叶鸭肉鸭 7 周龄活重 3.25 千克，料重比（2.6～2.8）：1，半净膛屠宰率 84％，全净膛屠宰率 75.9％，胸肌率 9.11％，腿肌率 15.19％。

（2）繁殖性能　父、母代枫叶鸭性成熟期为 175～185 日龄，种鸭 25～26 周龄开产，平均每只母鸭年产蛋 210 枚，平均蛋重 88 克，蛋壳白色。公、母配比为 1∶6，种蛋受精率为 93％，受精蛋孵化率为 90％。每只母鸭年提供商品代鸭苗 160 只以上。成年公鸭体重 3.52 千克，成年母鸭体重 3.37 千克。

七、南特鸭

南特鸭是法国奥尔维亚集团进行杂交配套育成的优良肉用型品种，具有生长速度快、饲料转化率高、易饲养、疫病少等优点，目前该鸭的 ST5M 和 NT6 品系在我国山东、四川、湖北等地均有饲养。

1. 体型外貌　南特鸭外貌与北京鸭的相似，身体健壮，羽毛丰满，毛色纯正，眼神明亮，活泼好动。

2. 生产性能

（1）生长性能　商品代肉鸭 7 周龄活重 3.7 千克，料重比 2.3∶1，半净膛屠宰率 84％，全净膛屠宰率 74.9％，胸肌率 9.11％，腿肌率 15.04％。

（2）繁殖性能　父、母代性成熟期为 175～185 日龄，种鸭 25～26 周龄开产。开产时公鸭平均体重 4.25 千克，母鸭平均体重 3.2 千克。产蛋周期为 50 周，每只母鸭可产蛋 292～312 枚，蛋壳白色。公、母配比为 1∶5，种蛋受精率 93％，受精蛋孵化率 90％。每只母鸭提供商品代鸭苗 200 只以上。

八、狄高鸭

狄高鸭是由澳大利亚狄高公司用我国北京鸭选育而成的优良肉用鸭，具有生长速度快、早熟易肥、体型硕大、屠宰率高等优点。该品种性喜干爽，能在陆地上交配，适于丘陵地区旱地圈养或网养。

1. 体型外貌　狄高鸭体型较北京鸭的大，雏鸭幼羽黄色，脱换后羽毛为白色，且全身洁白，酷似白鹅。喙、胫、蹼橘红色。头大，颈粗而长，胸宽，背阔长，体躯前昂，脚粗短，尾稍翘起，后躯靠近地面。

2. 生产性能

（1）产肉性能　狄高鸭出生重为 54.6 克，商品肉鸭 6～7 周龄体重可达 3～3.3 千克，活重与料重比为 1：（2.8～3）。半净膛屠宰率为 92.80％～94.04％，全净膛屠宰率为 79.76％～82.34％。胸肌重 273 克，腿肌重 352 克。

（2）繁殖性能　狄高鸭成年公鸭体重一般为 3.5 千克。母鸭 160～180 日龄开产，年产蛋 180～230 枚，公、母配比为 1：5，蛋重 90 克左右，蛋壳乳白色。商品肉鸭 7～8 周龄体重可达 3 千克，活重与料重比为 1：3。

九、丽佳鸭

丽佳鸭为丹麦丽佳公司育种中心育成的新型肉用配套系，是著名的肉用型鸭，有 L_1、L_2、L_B 共 3 个配套系，具有生长速度快、耐热、抗寒、适应性强、宜于舍饲和半放牧的优点，我国福建省泉州市已引入该品种的父母代。

1. 体型外貌　丽佳鸭体型大，体长而宽，羽毛洁白，头大而颈粗，背宽而翅小，胸部丰满而突出，胸骨长而直。母鸭腹部丰满，腿粗而短，蹼宽而厚。雏鸭绒毛嫩黄色，长大后全身羽毛白色，带奶油光泽。喙、脚、蹼均为橙黄色或橘红色。

2. 生产性能

（1）产肉性能 见表2-1。

表2-1 丽佳鸭商品代生产性能指标

系别	日龄	活重（千克）	全净膛重（千克）	料重比	死亡率（%）
L_1	49	3.700	2.630	2.75：1	2.5
	52	3.750	2.670	2.80：1	2.6
	56	3.80	2.700	2.85：1	2.7
L_2	49	3.300	2.350	2.60：1	2.5
	52	3.350	2.375	2.70：1	2.6
	56	3.400	2.400	2.75：1	2.7
L_B	49	2.900	2.040	2.41：1	2.5
	52	3.000	2.180	2.74：1	2.6
	56	3.100	2.350	2.85：1	2.7

（2）繁殖性能 见表2-2。

表2-2 丽佳鸭父母代生产性能指标

生产指标	L_1	L_2	L_B
母鸭开产时体重（千克）	2.900	2.700	2.150
与公鸭交配时体重（千克）	3.800	3.200	3.200
入舍母鸭产蛋量（40周龄，枚）	200	220	220
入舍母鸭可孵蛋量（枚）	190	210	200
每只入舍母鸭可供1日龄雏鸭（只）	142	170	168
平均孵化率（%）	80	85	84
饲养期死亡率（%，直至20周龄）	3.5	3.5	3.5
产蛋时每个月的死亡率（%）	1.0	1.0	1.0

第三章

鸭场建设和养鸭设备

第一节　场址选择

鸭舍和场地是养好鸭的重要条件之一，鸭场位置的选择既要考虑交通方便，又要注意环境卫生，另外还要考虑场内鸭群的卫生防疫。场址宜选在近郊，一般以距离城镇 10～20 千米为宜，种鸭场可离城镇远一些。通常情况下，场址的选择必须考虑以下几个问题。

一、水源充足，水质良好

鸭舍建设首先要考虑到水源。一般应建在河流、沟渠、水塘和湖泊的边上，水面尽量宽阔，水深 1 米左右，以缓慢流动的活水为宜，水源应无污染。鸭场附近无畜禽加工厂、化工厂、农药厂等污染源，离居民点也不能太近，尽可能建在工厂和城镇的上游。大型鸭场最好能自建深井，以保证用水质量。水质必须抽样检查，每 100 毫升水中大肠埃希氏菌的数量不能超过 5 000 个。

二、地势高燥，排水性能好

鸭虽可在水中生活，但舍内应保持干燥。因此，鸭舍地势应稍高，并略向水面倾斜，至少要有 5°～10° 的小坡度，以利排水，土质以排水良好、导热性小、微生物不宜繁殖、雨后容易干燥的沙壤土为宜。在山区养殖时，不宜建在昼夜温差太大的山顶上，或通风不良和潮湿的山谷深洼地带，应选择在半山腰处建场。半山腰坡度不宜太陡，也不能崎岖不平。另外，不能在低洼的潮湿处建场，否则病原微生物易滋生和繁殖，鸭群容易发病。

三、鸭舍朝南或东南方向

鸭场位于河、渠水源的北坡，坡度朝南或东南方向，室外运动场在南边，舍门也朝南或东南方向。这种朝向，冬季采光面积大，有利于保暖；夏季通风效果好，不受太阳直晒，具有冬暖夏凉的特点，有利于提高鸭的生产性能。

如果找不到朝南的地址，方向朝东南或东也可以，但绝对不能朝西或朝北。朝西、朝北方向的鸭舍，夏季舍内气温高；冬季鸭舍保温性差，鸭耗料多，产蛋少。与朝南方向的鸭舍比较，用同样方法饲养时，朝西、朝北方向的鸭舍饲养的蛋鸭其产蛋率低10%左右，死亡率明显较高，饲料消耗增多，经济效益差。

四、交通方便，电力供应充足，通信方便

鸭场交通既要便利，又不宜靠近交通要道，否则既不利于鸭场防疫和保持环境安静，又不利于鸭休息和产蛋。一般要求鸭场距离居民点1~2千米及以上，距离主要公路不少于2千米，距离次要公路不少于0.5~1千米，最好修建专用道与主要公路相连。要特别注意远离工矿区，避免这些工厂排出的有害气体、污水及噪声影响鸭场的环境和卫生。同时，鸭场应与城市及城市供水水源有相当距离，以免鸭粪、污水及废气污染城市和饮用水。另外，大型养鸭场除要求供电充足外，还必须有自己的备用发电设备。同时，要求通信方便。

第二节　建　舍

建造鸭舍应考虑经济耐用，便于清洗和消毒，同时便于生产环境的控制。鸭舍的主要作用是给鸭提供一个生物安全的环境，满足鸭对温度、湿度、空气质量、光照等的需求。

一、鸭舍建设的总体要求

标准鸭舍的要求是，冬暖夏凉，空气流通，光线充足，便于饲养管理，容易消毒，经济耐用，保护鸭不受其他动物的侵害，能抵御养殖气候变化的影响及隔离潜在病原体。一般来说，一个完整的平养种鸭舍应包括鸭舍和运动场两个部分，这两部分的面积比一般为 1∶（1.5～2）。

（一）鸭舍

鸭舍宽度通常为 12～15 米，长度视需要而定，一般不超过 120 米，内栏部分多采用矮墙或低网，一般分为育雏舍、育成（或青年）舍、产蛋舍三类。鸭舍外墙和屋顶被涂成白色或覆盖其他反射热量的物质，以减少热能损失。较大的屋檐对鸭舍侧墙既能起到遮阴的作用，又能减少雨水通过卷帘进入鸭舍，对开放式鸭舍的防暑降温很有帮助。地面应平整、坚固，不渗水，易于清洁和消毒。对于高架网床来说，混凝土地面和网床的材料应保证鸭安全，同时易于清洗和消毒。在地下水位高的地区，为防止地下潮气上升，可在铺设地面前先铺一层油毛毡、塑料布或白石灰，以保持地面干燥。同时，鸭舍要具备良好的防鼠、防兽、防虫、防鸟设备。

1. 饮水系统 清洁、充足的饮水有利于种鸭生产。若没有充足的饮水，则鸭的采食量会下降，生产性能会受到影响。常用的饮水系统是密闭式饮水系统和开放式饮水系统。

（1）密闭式饮水系统 该类饮水系统又称乳头式饮水器，比开放式饮水系统更卫生，有助于鸭获得较高的生产性能，减少水资源浪费，保证鸭群健康。常用的乳头式饮水器分为高流量和低流量两种。选择何种饮水器取决于鸭舍地面的构造类型。采用网床养殖模式优先选用高流量乳头式饮水器，采用垫料的地面养殖模式优先采用低流量乳头式饮水器。一个饮水乳头最多可供8只雏鸭（或6只中鸭或3只大鸭）使用，必须调整到适合鸭的高度和水压。使用密闭式饮水系统不必每天清洗，但是必须定期监视和测试水的流量，以确定每个饮水乳头是否都能正常运行。

（2）开放式饮水系统 主要是利用水槽喂水，每1 000只母鸭水槽长度为40米。可将直径为16～20厘米的PVC塑料管劈半作为饮水槽，但使用这类水槽时鸭会将污染物带进水槽而影响水质，并因此会影响鸭的健康；另外，还必须每天清洗水槽，不仅需要更多的劳动力，而且会产生大量的废水，因此不建议使用。

2. 供暖系统 当鸭舍内出现温度波动尤其是地面温度波动时，将会对雏鸭群造成应激。选择加热系统时，需要考虑类型和大小，包括最低环境温度和通风率等因素。鸭舍通风系统及通过墙壁、屋顶、地面所散发的热量等于总的通风率，在设计供暖系统时需考虑这些方面。常用供暖系统有暖空气加热器、发光加热器、地暖式加热、发光和空间加热。

3. 喂料系统 无论使用何种类型的喂料系统，都应确保饲喂空间，以便让鸭在任何时候都能吃到干净的颗粒饲料。如果料槽不够大，或者饲料颗粒质量差，则鸭的生长率会降低，鸭群均匀度也会受到影响。饲喂空间不足会降低鸭群的增长速度和均匀度，因此必须保证每只鸭的采食空间（至少为 8 厘米宽）。

4. 通风系统　通风是鸭饲养管理的一个非常重要的因素，对任何生长期的鸭都有益处，同时可以保持鸭舍内部环境干净、舒适。好的通风条件不仅可以除掉粉尘、污浊的空气和病原体，补充新鲜空气；而且一定的风速可以降低鸭舍温度，排出舍内多余的水分。风速达到 30 米/分钟时，鸭舍可降温 1.7℃；风速达到 152 米/分钟时，鸭舍可降温 5.6℃。维持良好的通风可以将舍内有害气体含量控制在允许范围之内。实际生产中鸭舍的氨气浓度不允许超过 20 微升/米³，硫化氢浓度不超过 10 微升/米³，二氧化碳含量不超过 0.15%。正确控制通风可以获得更高的饲料转化率，使鸭群同日龄下达到更高的生长率。设置通风系统时，首先要考虑到鸭的品种、饲养密度及鸭场夏季可能达到的最高温度；然后还要注意通风的均匀性，防止造成通风死角。生产中一般有两种通风系统，即自然通风系统（开放式鸭舍）和机械通风系统。无论选择哪种通风方式，设计通风系统时都应以保持鸭舍最佳环境条件为前提。

（1）自然通风系统　自然通风系统采用卷帘，依靠自然的风压和热压，通过门、窗和排风筒进行舍内外空气的对流。这种通风方式只适合在小跨度的鸭舍使用，净宽超过 7 米的鸭舍自然通风的效果不好。卷帘必须根据舍内温度、风向、风速、湿度和空气质量的变化进行调整。在寒冷天气使用卷帘通风时，外界冷空气不但侵害鸭体，而且会增大地面垫料的湿度。采用自然通风的鸭舍，窗户的设置应多一些，间距应小一些。窗户面积与舍地面积的比例，种鸭舍在南方温暖的地区为 1∶8 或南边全敞开，北方寒冷的地区为 1∶10；育雏舍为 1∶（8～10）。鸭舍如跨度小，则排风筒设一排即可，其间距为

6 米左右，直径应不低于 0.25 米，并装有翻板，使风筒可开闭。通风时要保证气流从粪层表面经过，以便及时将粪便中的水分和产生的有害气体排出。

（2）机械通风系统　机械通风系统需要较少的人工管理，能提高鸭的成活率、生长率、饲料转化率和舒适度。与自然通风相比，当鸭舍长度达 80 米以上、跨度在 10 米以上时，则应采用纵向式通风（机械通风）。这样既优化了鸭舍通风设计的合理性，降低了安装成本，又获得了较理想的通风效果。

5. 照明系统　光照时间和光照强度均影响鸭的生长发育，特别是对母鸭的繁殖和产蛋起决定性的作用。正确运用光照时间和控制光照强度不仅能刺激母鸭卵巢发育，促进卵子成熟和排卵，还可以保证母鸭适时开产，延长产蛋高峰持续期，提高全程产蛋量。光照控制得不好，可能会使母鸭开产较早，产小蛋的时间长，并且开产后母鸭易出现脱肛等现象，影响经济效益。

（1）光照制度　人工控制光照是种鸭养殖不可缺少的重要技术措施。

①开放式鸭舍的光照制度　采用开放式鸭舍饲养种鸭，必须了解本地一年四季自然光照的变化规律。在实际应用时，要掌握日出和日落时间，然后根据日照时数计算补光时间。

②密闭式鸭舍的光照制度　密闭式鸭舍要求隔光性能良好，防止自然光透进鸭舍。饲养在密闭式鸭舍的鸭群完全依靠人工光照，因此无需随季节而变更光照制度，也不必经常变动或补充光照时间，可以按照规定的光照制度准确执行。

（2）光照强度　种鸭的光照强度一般为 20 勒克斯。为使鸭舍内光照设备发挥最佳效能，其科学设计的总要求是：灯距小，灯泡数量多，功率小，光线均匀，照度足够。生产中光照时间的控制多采用自动光控仪。但在停电时必须进行检查、校正，更换计时器中的电池。在无计时器时，可手工按时开关。鸭舍内照明用电的电压通过调压变压器，使光照强度在一定范围内可以任意调节。设置双路电闸，分别控制不同的灯泡，以此来控制光照强度。根据光照强度的要求，适当选择灯泡的功率。灯泡距离地面的高度应在1.8米左右，灯泡的间距是灯泡离鸭背距离的1/2。灯泡在鸭舍上方均匀排列。一般来说，沿鸭舍纵向设3排灯泡线，走道上方设置功率较低的灯泡，晚上开灯以便鸭群吃料、喝水。要认真执行光照制度，不能随便改变光照时间。人工补充光照时要求电压稳定，并备有停电时的应急设备和措施。补光时间夏季多在早上进行，冬季多在晚上进行。灯泡每隔2周擦1次，以保持亮度。

6. 排水系统　正确处理雨水、雪水、清洗用水及鸭场正常生产时每天排放的污水，有助于建立强有力的生物安全体系。因此，建设鸭舍时应做好排水系统。鸭舍四周必须有排水沟，排水沟一般深1米左右，宽0.5米左右，底部和四周最好硬化，有一定的坡度，各舍的排水沟连接于场内的总排水沟。由于污水中含有固形物，因此排水沟要时常进行清淤，以便排水通畅。

7. 饲养密度与鸭舍面积　鸭舍面积的估算与饲养密度有关，而饲养密度又与鸭的品种、日龄、用途和季节相关。饲养密度的一般原则是：冬天大些，夏天小些；大面积鸭舍大些，小面积鸭舍小些；舍外运动场大的鸭舍大些，运动场小的鸭舍小些。

（二）运动场

1. 水上运动场　水上运动场主要是供鸭洗浴，通常采用人工浴池。人工浴池一般要长2.5～3米、宽2.5～3米、深0.5～0.8米，用水泥制成。水上运动场的排口要有一个沉淀井，排水时可将泥沙、粪便等沉淀下来，避免堵塞排水道。鸭舍、陆上运动场和水上运动场三部分需要用围栏围成一体，根据鸭舍的分间和鸭的分群需要进行分隔。水上运动场的水围应高出水面50～100厘米。

2. 陆上运动场 陆上运动场是鸭休息和运动的场所,面积为鸭舍的1.5~2倍,运动场地面用砖、水泥等材料硬化铺成。运动场面积的1/2应搭有凉棚或栽种植物等形成遮阴棚,供舍饲饲喂之用。陆上运动场与水上运动场的连接部,用砖头或水泥制成一个小坡度的斜坡,水泥地面要防滑,斜坡应延伸至水上运动场水下10厘米。

(三)绿色屏障系统

在鸭场周围种植防护林,在各区间种植隔离林,在鸭舍周围道路两旁进行遮阴绿化等,不仅可以优化鸭场本身的生态条件,而且有利于防疫。规模化养鸭场通过绿化能明显改善厂区温度、湿度、气流等。尤其是在鸭舍周围2~3米处种植快速生长的林木,减少阳光对鸭舍的直射,降低高温对鸭群的应激危害。同时,绿化也改善了厂区卫生状况,净化了空气。规模化养鸭场鸭群饲养量大,耗氧量相对较多,而由舍内排出的氨气、硫化氢浓度相对较高。这些气体不仅对鸭的健康和生产性能造成了严重的危害,同时也严重污染了场区及周围环境,危害人体健康。而鸭场经过绿化后,绿色植物在光合作用下,吸收了大量的二氧化碳,同时放出了氧气,因此可有效降低空气中二氧化碳的含量。

(四)鸭场废弃物的处理系统

1. 孵化的废弃物 孵化场废弃物有无精蛋、死胚、毛蛋、蛋壳等,在炎热的季节很容易滋生苍蝇,因此必须尽快处理。未受精蛋常用于加工食品;用死胚、毛蛋、死雏等制成的干粉,其蛋白质含量达22%~32%,可替代肉骨粉与豆饼。蛋壳粉为含有少量蛋白质的钙质饲料,利用前必须进行高温灭菌。对没有条件做高温灭菌或加工成副产品的小型孵化厂,每次出雏的废弃物必须尽快作深埋处理。

2. 鸭粪的收集 分为稀粪收集系统和干粪收集系统。

（1）稀粪收集系统 设有地沟和刮粪板的鸭舍，或者设有粪沟而用水冲洗的鸭舍等一般用稀粪收集系统。稀粪可以通过管道或抽送设备运送，需要的人力较少。如有足够的农田施肥，采用这一系统比较经济。但采用稀粪收集系统时，鸭舍内容易产生氨气、硫化氢等有害气体，可能污染地下水；另外，含水量高的稀粪处理时耗能较多。

（2）干粪收集系统 高床鸭舍或采用厚垫料的鸭舍多采用干粪收集系统，平时不清粪，鸭群淘汰或转群后一次清除全部积粪。由于强制通风，因此有的装有来回移动的齿耙状的松粪机其下部的积粪水分蒸发多，比较干燥。这种系统处理的鸭粪量少，能防止潜在的水污染，减轻或消除臭味，不需要经常清粪，粪中含水分少，易于干燥。比较起来，干粪收集系统对鸭舍内环境造成的不良影响要小。只要对这种收集系统进行有效管理，就很少有有害气体与臭味产生，也能控制苍蝇繁殖，对鸭场的卫生有利。采用干粪处理系统时，保证地面处理要好，以防止水分渗漏；且管理要好，保证供水系统不能漏水或溢水；另外，使用该处理系统时粪尘有可能飞扬，因此必须设置良好的通风系统，保证气流能够均匀地通过积粪表层。

3. 污水的处理 鸭场每天由水槽末端排出的混浊水，以及冲刷鸭舍的脏水和孵化厂流出的脏水中含有 10%～20% 的固形物。如果任其流淌，则会污染环境或地下水，因此应及时处理。

（1）自然沉淀 含有 10%～33% 鸭粪的粪液，放置 24 小时后 80%～90% 的固形物会沉淀下来。因此将污水通过地沟流淌到鸭场的污水处理场，经过两级沉淀后，水质会变得清澈，可用于浇灌果树或养鱼。

（2）用生物滤塔过滤 生物滤塔是依靠滤过物附着在多孔性滤料表面所形成的生物膜来分解污水中的有机物。通过过滤，污水中的有机物浓度会大大降低，可得到比沉淀更好的净化效果。

二、鸭舍类型

鸭舍类型可以分为开放式鸭舍、封闭式鸭舍及半开放式鸭舍 3 种。

（一）开放式鸭舍

开放式鸭舍受自然环境的影响，空气流通靠自然通风，光照是自然光照加人工补充光照。散养鸭时通常在鸭舍的南北两侧或南面一侧设置运动场，白天鸭在运动场上自由活动，晚上在舍内休息和采食。夏季为了降温，通常在运动场上方用塑料布搭建遮阴棚。

开放式鸭舍主要有两种形式：一是有窗鸭舍，根据天气变化开闭窗户，调节空气流通量，控制鸭舍内温度；二是卷帘简易鸭舍，用卷帘布做维护墙，靠卷帘的卷起和放下来调节舍内的温度和通风。

开放式鸭舍的优点是造价低，节省能源；缺点是受外界环境的影响较大，尤其是受光照的影响最大，不能很好地控制鸭的性成熟。

（二）封闭式鸭舍

封闭式鸭舍的通风完全靠风机，自然光照不到鸭舍内部，鸭舍内的采光根据需要进行人工加光，舍内温度靠加热升温或通风降温。封闭式鸭舍主要满足以下几个方面要求：遮光；天气寒冷时供暖，天气炎热时降温；降低鸭舍内的有害气体浓度；为封闭式鸭舍提供足够的流通空气。

（三）半开放式鸭舍

半开放式鸭舍结合了开放式鸭舍和封闭式鸭舍的优点，除了装有透明的窗户外，还安装了湿帘风机降温系统。在春、秋季节窗户可以打开，进行自然通风和自然光照；在夏、冬季节根据天气情况开关窗户，进行机械通风和人工光照。夏季使用湿帘降温，加大通风量；冬季将通风量降至最低需要量，利于鸭舍保温。

第三节 鸭场布局

鸭场布局是否合理，是养鸭能否获得经济效益的关键条件之一。集约化、规模化程度越高，对鸭场布局的要求就越高。

一、鸭场各区间划分

（一）大型鸭场各区间划分

大型鸭场应包括行政区、生活区和生产区三大区域。

1. 行政区 行政区包括办公室、资料室、会议室、发电房、锅炉房、水塔和车库等。

2. 生活区 生活区主要有职工宿舍、食堂、其他生活服务设施及场所。

3. 生产区 生产区包括鸭舍（育雏室、育成舍、产蛋舍、大棚种鸭舍）、蛋库、孵化室、兽医室、更衣室（包括洗澡室、消毒室）、处理病死鸭的焚尸炉及粪污处理池等。此外，还应有饲料仓库（贮存库设置在生产区内，加工饲料间应另设一个专业区）和产品库。

（1）育雏室 育雏室要求温暖，干燥，保温性能良好，空气流通，无贼风，电力供应稳定，室高2～2.5米即可。内设天花板，以增加保温性能。窗与地面面积之比一般为1：（8～10），南窗离地面60～70厘米，内设气窗，便于空气调节；北窗面积为南窗的1/3～1/2，离地面100厘米左右。所有窗口和下水道通向舍外的出口都要安装铁丝网，以防兽害。育雏地面最好用水泥或砖铺成，便于消毒；并向一边倾斜，利于排水。室内放置饮水器的地方，要有排水沟，并盖上网板，雏鸭饮水时溅出的水可漏到排水沟中并排出，以确保室内干燥。为了便于保温和管理，育雏室应隔成几个小间。

（2）育成舍　育成舍也称青年鸭舍。育成阶段鸭的生活力较强，对温度的要求不如雏鸭严格。因此，育成舍的建筑结构简单，基本要求是能遮挡风雨、夏季通风好、冬季保暖好、室内干燥即可。规模较大的鸭场，建造育成舍时可参考育雏舍。

（3）产蛋舍　产蛋舍有双列式和单列式两种。双列式鸭舍中间设走道，两边都有陆上运动场和水上运动场，在冬天结冰的地区不宜采用双列式。单列式鸭舍冬暖夏凉，较少受季节和地区限制，故生产中大多采用这种方式。单列式鸭舍走道应设在北侧。种鸭舍要求防寒，隔热性能要好，因此需有天花板或隔热装置。屋檐高2.6～2.8米。窗与地面面积比要求1：8或在1：8以上。特别是在南方地区南窗应尽可能大一些，离地60～70厘米及以上的大部分做成窗；北窗可小些，离地面100～200厘米。舍内地面用水泥或砖铺成，并有适当坡度。饮水器置于较低处，并在其下面设置排水沟。较高处设置产蛋箱或在地面上铺垫较厚的垫料以供母鸭产蛋之用。

（4）大棚种鸭舍　大棚养鸭有低投入、高产出的优点，经济效益较好。但由于大棚本身的采光、保温性能好但透气性能差等特点，因此要正确设计大棚，使其优势能充分发挥出来。

①种鸭舍的主棚、次棚、运动场的宽度均为10米，长度以不超过100米

为宜。

②主棚、次棚的屋檐高度为 1.8～2 米，每栋鸭舍间距为 2～3 米（为了利于通风，靠围墙的主棚要预留 2～3 米的空地）。

③主棚、次棚之间的距离为 1.5～2 米，过道宽为 2 米，并用竹板、网片铺好，过道顶部要盖好。

④饮水槽建在次棚内（100 只鸭需 2 米长的饮水槽），长、宽、高分别为 8 米、0.2 米、0.18 米，饮水槽两边要留 2 米宽的门口（利于后备期赶鸭和种鸭喝水）。地沟要求宽 1.5～2 米，深 1 米，四周砌砖铺好竹板（网片），底部需硬化。

⑤运动场宽为 10 米，不用硬化，预留排水沟并整平即可。

⑥主棚、次棚、运动场围栏要求高 70 厘米，在建地沟、排水沟时要注意预留竹板的高度，利于铺平，以免碰伤鸭脚。

⑦主棚、次栏的面积比为 1∶1，运动场的宽度都要求为 10 米。种鸭饲养密度以主棚面积计，为 0.35 米²/只。

⑧鸭场必须建沉淀池，鸭场排放的污水要经过沉淀池。

（二）小型鸭场各区间划分

小型鸭场各区间划分与大型鸭场的基本一致，只是一般将宿舍、仓库等放在最外侧的一端，将鸭舍放在最里端。既能避免外来人员随便出入，也便于饲料、产品等的运输和装卸。

二、区间布局的设计原则

在设计鸭场的区间布局时，应着重考虑四个方面：一是便于做好防疫卫生工作，规划时要充分考虑风向和地势的关系；二是生产区应按作业流程顺序安排；三是便于管理，以利于提高工作效率，照顾各区间的相互联系；四是降低基建费用。

第四节　饲养设备

一、产蛋窝

开产前 20～30 天要将后备鸭转入种鸭产蛋舍，让其适应周围环境，这时需要设置产蛋窝（用木箱或塑料箱做成，内铺上垫草）。产蛋窝应设置在舍内光线较暗的鸭舍围墙下，宽度以能使一只成年产蛋鸭自由出入为宜，每个窝距为 50～60 厘米，4～5 只母鸭共用一个产蛋窝，应随时保持产蛋窝内垫料新鲜、干燥、柔软。

二、饮水设备

饮水设备分为水槽式、吊塔式、真空式、乳头式、杯式饮水。开始饲养雏鸭阶段和开放式鸭棚散养鸭多用真空式、吊塔式和水槽式。封闭式鸭舍使用乳头式饮水器。使用乳头式饮水器不易传播疾病，耗水量少，可免刷洗，工作效率高，但对设备要求较高，否则容易漏水。杯式饮水器供水可靠，不易漏水，耗水量少，不易传播疾病，但是鸭在饮水时经常将饲料残渣带进杯内，因此需要经常清洗。水槽式饮水设备的高度要求以鸭只站立时正好能够到的高度略低一点为准，深度为 20 厘米左右，宽度为 10 厘米左右；一般由水泥或石头砌成，在鸭只喝水的一侧用铁丝网间隔开，防止鸭进入槽内造成水污染。水槽也可用直径为 16～20 厘米的 PVC 塑料管劈半做成，每 1 000 只母鸭所需的水槽长度为 40 米。水槽式饮水设备经济、耐用，不易漏水，鸭喝水的同时还能清洗自身的羽毛。但是，该类型的饮水器使用时间较长时会滋生细菌，所以要时常清洗消毒。

三、喂料设备

在鸭的饲养管理中，喂料耗用的劳动量较大。因此，大型机械化鸭场为提高劳动效率，常采用机械喂料系统。机械喂料设备包括贮料塔、输料机、喂料机和料槽（料桶）等。

1. 贮料塔 贮料塔通常放在鸭舍的一端或侧面，用来贮存饲料。一般用厚度为 1.5 毫米的镀锌钢板冲压而成，上部为圆柱形，下部为圆锥形，圆锥与水平面的夹角大于 60 度，以利于排料。塔盖的侧面开有一定数量的通气孔，以排出饲料在存放过程中产生的各种气体和热量。贮料塔一般直径较小，塔身较高，当饲料中的含水量超过 13%、存放时间超过 2 天，贮料塔内的饲料会出现"结拱"现象，导致饲料架空，不易排出。因此，贮料塔内需要安装破拱装置。贮料塔多用于大型机械化鸭场，喂料时由输料机将饲料送往鸭舍的喂料机，再由喂料机将饲料送到料桶或料槽，供鸭采食。

2. 输料机 常用的输料机为螺旋式，其叶片是整体式的，生产效率高，但只能做直线输送，输送距离也不能太长。因此，将饲料从饲料塔送往各喂料机时需要分成两段，使用两个螺旋输送机。一个将饲料倾斜输送到一定高度后，再由另一个呈水平方向将饲料输送到各个喂料机。索盘式输料机和螺旋弹簧式输料机可以在弯管内送料，不必分两段就可以直接将饲料从贮料塔送到喂料机，喂料机再向料槽分运饲料。

3. 喂料机 常用的喂料机有索盘式、链式、螺旋弹簧式、天车式和轨道车式。喂料时，喂料机将饲料送到料桶或料槽中，供鸭采食。

4. 料槽　用料槽（料桶）饲喂，既能够保证饲料质量，又能给鸭提供足够的饲喂空间，最大限度地降低饲料的溢出，将浪费降至最低。料槽应尽量靠近鸭只，必须保证每只鸭至少有 0.8 厘米的饲喂空间，且距离水源应不超过 4.5 米。料槽一般分为木质箱式和塑料筒式（或大盆），加料时不能超过料槽容积的 2/3。

四、加温设备

鸭育雏过程中，需要较高而稳定的室温环境，因此需要配备加温设备，大多数与鸡的育雏保温设备相同。

1. 电热育雏伞　电热育雏伞的外壳可用铁皮、铝合金或木板（纤维板）制成双层，夹层中填充玻璃纤维等保温材料；也可用布料制成，内侧涂一层保温材料，制成可折叠的伞状。保温伞内用电热丝或运红外线加热板供温，伞顶或伞下装有控温装置，伞下还应装有照明灯及辐射板，在伞的下缘留有 10～15 厘米间隙，让雏鸭自由出入。利用电热育雏伞加温节省人力，管理方便，空气好，育雏室清洁、无污染，育雏效果好。缺点是耗电较多，在无电或经常停电的地方使用时受到限制，而且没有剩余热度升高室温。因此，冬季使用时还需要煤炉辅助保温。

2. 煤炉　采用类似火炉的进风装置，将进风口设在底层，把煤炉原有的进风口堵死，另外装一个进气管，在管的顶部加一块小玻璃，通过玻璃的开启来调节火势大小。炉的上侧装一根排气烟管，用以向室外排气、排烟。使用煤炉加温要注意室内通风，保持经常开启门、窗，否则易引起一氧化碳中毒。

3. 红外线灯　利用红外线灯泡发热量较高的特点，把它悬挂在育雏室内，能提供育雏所需的热量。常用的红外线灯泡是 250 瓦，使用时可以等距离排列，也可以 3～4 个组成一组。育雏刚开始时灯泡距离地面 35～45 厘米，以后随雏鸭日龄的增加，逐渐提升灯泡与地面之间的高度。一般每周提高 7～8 厘米，直到距离地面 60 厘米高为止。在外界气温较低的情况下育雏，第 1 周室内不仅要有升温设备，而且还要将初生鸭雏围在灯下 1.2～1.5 米直径的范围内，料槽和水槽不要放在灯下，以免受到污染。利用红外线灯泡加温，能够保持温度稳定，室内干净，垫草干燥，管理方便，节省人力；但耗电量大，灯泡使用率高，易损坏，成本较高，在供电不正常的地方不能使用。

除上述加温方法外，还可采用火炕、火墙（分地上、地下烟道两种）加温，鸭场可以根据本地区的特点选择使用。

第四章

肉用种鸭的选择与繁育

种鸭选择的目的是选出优秀的个体，将其优良品质遗传给后代，以提高商品肉鸭的生产性能和经济效益。种鸭选择总的要求是：品种（系）的外形特征明显，体质健壮，适应性强，遗传稳定和生产性能优良。

第一节　肉用种鸭的主要性状

本节以樱桃谷鸭为例介绍。樱桃谷鸭肉鸭的选种工作，在过去比较重视体型外貌，强调羽毛颜色的整齐一致；而现代的选种标准则侧重于主要经济性状，并且对不同的专门化品系有不同的选种标准。樱桃谷鸭肉鸭在选种时，要首先考虑体重、饲料转化率、死淘率、产蛋量、蛋重、蛋品质、肉品质7个经济性状，现分析如下。

一、体重

体重是肉鸭很重要的一个经济性状。肉鸭要求有一定的成年体重，选择时更着重早期的生长速度。体重和生长速度的遗传力都比较高，通过个体选择和家系选择均有效。体重与性成熟时间和饲料消耗量相关，体重大的鸭一般性成熟晚，饲料消耗多；体重轻的鸭一般开产早，耗料少。雏鸭的体重与蛋重呈强相关，但与成年体重无关。体重与性别有关，仔鸭和成年鸭不同性别之间的体重有较大差异。肉用型鸭选种时，应以提高早期（6～8周龄）生长速度为目标，适当控制成年体重（特别是母系），以降低种鸭的饲养成本。

二、饲料转化率

饲料转化率是指消耗若干饲料后能取得肉、蛋产品的多少，又称饲料报酬。由于饲料成本占养鸭总成本的70%左右，因此饲料转化率是一个重要的经济性状。饲料转化率的性状是可以遗传的，品系和个体之间常存在非常明显的差别，选种可提高饲料转化率。

提高饲料转化率有两条途径：一是提高鸭种的增重速度；二是降低饲料消耗，提高饲料转化效率。只有从上述两个方面进行选育，才能较快获得理想的选育效果。

三、死淘率

死淘率通常用存活率或死亡率来表示，这是鸭对不良条件的适应能力，也是与经济效益有直接关系的重要性状。种鸭的死淘率主要从三个阶段考察：第一阶段是胎胚期，用受精蛋的孵化率衡量；第二阶段是育雏育成期，用0～20周龄的育成率表示；第三阶段为产蛋期，用产蛋期的存活率表示。另外，肉鸭的死淘率考察还需加上仔鸭7周龄成活率这一指标。生活力的遗传力很低，所以个体选择是无效的，必须采用家系选择法。

四、产蛋量

产蛋量是一个比较复杂的性状，带有多基因性质，且遗传力比较低，通过个体选择成效极差，即使选择高产的母鸭也不一定能得到高产的后代，所以要进行家系选择，只有选出高产的公鸭才有较大的成效。一定时期内产蛋量的高低，受下面三个因素的制约。

1. 开产日龄 目前测定鸭的产蛋量都以500日龄为1个周期，在产蛋量较高的育成品种中，早熟有获得高产的重大潜力。但开产日龄与平均蛋重存在负相关，即开产早的个体，所产的蛋一般较轻。因此，选择早熟个体留种时，可能会出现蛋重降低的风险，必须处理好两者的关系。

2. 产蛋强度的高低　产蛋强度通常也叫产蛋率，用百分比表示。产蛋强度与产蛋量的关系很密切，尤其是开产初期和产蛋末期更为重要。开产初期鸭的产蛋强度高，表示该品种（品系）的产蛋高峰期来得快；产蛋末期鸭的产蛋强度高，表示该品种（品系）的产蛋持续性好。因此，对产蛋强度的研究还应注意进入最大产蛋强度（通称高峰期）的日龄、高峰的数值、高峰维持的时间。产蛋强度是可以遗传的，不同品系之间会有较大的差别，选育时应注意这个性状。

3. 换羽和休产　樱桃谷鸭种鸭经过一段时期的产蛋以后，会出现换羽、休产，但高产品种（品系或配套系）在换羽后能重新开产，而且仍能保持85％以上的产蛋率。这是非常好的经济性状，选种育种时要重点关注此突出性状。

五、蛋重

蛋重的概念包括平均蛋重、日平均产蛋量和产蛋总重。对樱桃谷鸭肉用种鸭而言，它是经济意义重大的第二性状。在一个产蛋周期内，蛋重是有变化的。开产时蛋重较轻，但增长速度较快，至200日龄时可以达到标准蛋重；350日龄后，蛋重又开始减轻；经过换羽休产后，蛋重又有明显增加。一般第二个产蛋年所产的蛋比第一个产蛋年的大。蛋重与体重呈正相关，体重大的鸭所产的蛋也较重。但选择体重大的个体来提高蛋重是不可取的，因为它将导致饲料消耗量增加。蛋重与产蛋强度之间呈负相关，因此，在选择品种时，不仅要注意提高平均蛋重，还要注意在开产后要能很快达到最大蛋重，并能保持较高的产蛋强度，同时体重又不增加。只有这样，才能有效地提高产蛋总重，得到最佳的饲料转化率。蛋重受外界因素的影响而有变化，特别是受饲料的影响最大，温度、光照对蛋重也有影响，测定蛋重时要注意环境因素的稳定。蛋重的遗传力较高，通过选种能较顺利地提高蛋重。

六、蛋品质

这个性状通常是蛋形、蛋壳强度、蛋白浓度、蛋壳颜色、血斑与肉斑等许多性状的综合。

1. 蛋形　用蛋形指数（纵径/横径）表示。蛋形对包装、运输有直接关系，对孵化也有影响。最佳的蛋形指数为 1.35～1.38。指数大于 1.38 时蛋长，指数小于 1.35 时蛋圆，二者都不易统一包装，导致破损率高，孵化率低。

2. 蛋壳强度　蛋壳强度是由蛋壳密度、蛋壳厚度和蛋壳膜的质量决定的，受温度、代谢过程的影响，品系不同蛋壳的强度也有差异。选育可以改善蛋壳厚度，但壳厚与产蛋量呈负相关。密度大、壳厚的蛋，强度高，利于包装运输，能降低破损率。

3. 蛋白浓度　蛋白浓度用哈氏单位表示。蛋白越浓，蛋的质量越好，孵化率越高，营养价值也高。随着贮存时间的增加，浓蛋白逐渐变稀，因此测定某品种的蛋白浓度时，应尽量采用当天产下的新鲜蛋。

4. 蛋壳颜色　蛋壳颜色不影响产蛋力，与营养也无关，只与人的习惯和爱好有关。鸭蛋的壳色基本上分为白、青两种。蛋壳颜色受遗传制约，青壳受显性基因控制，因此青壳种的公鸭与白壳种的母鸭交配时，后代都是青壳蛋。

5. 血斑与肉斑　形成血斑与肉斑的原因，主要与排卵时输卵管黏膜损伤、少量出血有关，产蛋后期血斑和肉斑有所增加。这是受遗传制约的性状，通过选育可降低血斑和肉斑率。

七、肉品质

这个性状对肉鸭尤为重要。优秀的肉鸭品种，不仅要求屠宰率、半净膛率、全净膛率都高，而且胸肌率和腿肌率也要高。前 3 项是指出肉率的高低，后 2 项是指胴体的结构和品质。胸、腿肌肉占全净膛的比例高，即胴体品质好。不同的品种，有不同的肉质和风味，选种时要注意。对肉用型鸭来说，除上述要求外，还要测定脂肪（腹腔脂肪、皮下脂肪）含量及其占全净膛胴体的比例，脂肪含量越低，越能适应消费市场的需要。此外，选择肉用性状时，还要注意渗水率、嫩度、pH、粗蛋白质含量、肌间脂肪含量、肌纤维直径和密度等。胴体重量和胴体结构有较高的遗传力，通过个体选择可获得改善。

第二节　种鸭选择

种鸭选择的目的是选择肉鸭优良的性能和较好的杂交优势，获得具有优良生产性能的商品代肉鸭。通常采用两种选择方法：一是根据体型外貌和生理特征选择；二是根据记录资料选择。还可将两种方法结合起来进行。

一、根据体型外貌进行选择

这种方法适合缺乏记录资料的养鸭场应用，要求体型外貌必须符合该品种特征的要求。

1. 种鸭的选择

（1）种公鸭　肉用型要选择体大，身长，颈粗，背直而宽，胸骨正直，体躯长方形，与地面呈水平状，尾稍上翘，腿的位置近于体躯中央，站立时雄壮、稳健，阴茎发育良好，性羽发达而明显的公鸭。

（2）种母鸭　蛋用型要根据"一紧、二硬、三长"的特征进行选择。"一紧"，即羽毛细密，紧贴身体，行动灵活，觅食能力强；"硬"，即肋骨硬而圆，龙骨硬而突出，体格健壮，生活力强；"三长"，即嘴长、颈长和身长，再加上眼睛突出而有神，这种母鸭较易获取水中的鱼虾和田野里的昆虫。颈长而细是高产蛋鸭的固有特征，选种时要充分注意。身长、腹部方正、臀部丰满并略下垂的母鸭，其卵巢、输卵管等生殖器官发育良好，产蛋量多。

2. 种蛋的选择　种鸭选好后，应根据该品种固有的要求选择种蛋，如蛋壳颜色、蛋重、蛋形。此外，还要将"沙壳"（蛋壳上有沙）、薄壳蛋和"钢皮蛋"（蛋壳特别坚硬，敲击时声音发脆）剔除。

3. 雏鸭的选择　包括种雏鸭和育雏期末的选择。出生雏鸭的好坏直接影响以后的生长发育及群体整齐度，只有健雏才能留作种用。雏鸭的选留标准为：大小均匀，体重符合品种要求，绒毛整齐，富有光泽，腹部大小适中，脐部收缩良好，眼大而有神，行动灵活，抓在手中挣扎有力。

种鸭场在提供配套种鸭时，往往超量提供公鸭（通常是110只母鸭、30只公鸭），以便在育雏期结束时，即在29日龄根据种鸭的体重指标、外形特征等进行初选。公鸭应选择体重大、体质健壮的个体，母鸭则要求选择体重中等大小、生长发育良好的个体。初选后公、母鸭的配种比例为1：4。

4. 青年鸭的选择　一般分两个阶段进行。

第一阶段的选择：在10周龄时进行（肉鸭可以稍晚几周）。此时鸭的骨架已经长成，除主翼羽外，全身羽毛基本长好。

第二阶段的选择：在产蛋前 2 周左右进行。这次选择的重点是配种公鸭，而母鸭主要是淘汰体质特别弱的个体，公、母的配种比例为 1∶5。重点选择生长均匀、健壮、无伤、无病、精神活泼的公、母个体。

这两个阶段的选择标准，第一看生长发育水平，将生长速度慢、体重轻的不符合本品种要求的鸭淘汰掉；第二看体型外貌，将羽毛、喙、跖、蹼、趾的颜色不符合本品种的个体淘汰。

5. 开产前期的选择　此项选择是肉鸭在 150 日龄左右入舍时进行。已经培育好的青年鸭，除根据本品种对外貌和体重的要求进行选择外，还要观察以下 5 个方面：一是羽毛着生紧密，毛片细致，有光泽；二是胸骨硬而突出，肋骨硬而圆，肌肉结实；三是嘴长、颈长、体躯长；四是眼睛突出而有神，虹彩符合本品种标准；五是腹部发育良好，宽大而柔软，耻骨间和耻骨与龙骨之间的距离要大。将符合要求的个体选进种鸭舍饲养。

6. 成年鸭的选择　母鸭年龄越大，其产蛋量和种蛋的合格率越低，受精率和孵化率越低。母鸭以第 1 个生物学产蛋年的产蛋量最高，第 2 年比第 1 年下降 30％以上，表明种鸭自开产以后利用 1 年最为经济。

母鸭一般产蛋 9～10 个月后进入产蛋末期，陆续出现停产换羽。此时出现换羽的种鸭可逐渐淘汰，以节约饲料，提高种鸭养殖的经济效益。种鸭的淘汰方式有全群淘汰和逐渐淘汰两种方式。

(1) 全群淘汰　种鸭大约在 70 周龄可全群淘汰，这样既便于管理，又提高了鸭舍的周转利用率，有利于鸭舍的彻底清洗消毒。

(2) 逐渐淘汰　在产蛋 10 个月左右根据羽毛脱换情况及生理状况进行选择淘汰。首先淘汰那些换羽早、羽毛零乱、主翼羽的羽根已干枯、耻骨间隙在三指以下的母鸭，并淘汰腿部有伤残的和多余的公鸭。留下的种鸭产一段时间的蛋后，按此法继续淘汰。

具体淘汰时间可根据当地对种蛋的需求情况、鸭苗价格、种蛋价格、饲料价格、种蛋的受精率、孵化率等因素来决定。

二、根据记录资料进行选择

关于产蛋性能，仅凭体型外貌的选择还不能明确被选择个体的确切成绩，对产量相差不大的个体有时可能会出现误判。只有依靠科学测定的记录资料进行统计分析，才能作出比较正确的选择。

一个正规的育种场，必须做好各项生产性能记录。在鸭的育种工作中，通常必须记载的项目有产蛋量、蛋重、蛋形指数、开产日龄、饲料消耗量、种蛋受精率、孵化率、雏鸭成活率、育成鸭成活率、产蛋期成活率、初生体重、育雏结束时体重、育成期末体重、开产期体重、500 日龄体重等。

取得上述记录资料后，就可以从以下 4 个方面进行选择。

1. 从系谱资料进行选择 就是根据双亲及祖代的成绩进行选择。尤其是公鸭，本身没有产蛋记录，在后代尚未繁殖的情况下，系谱就是主要选择依据。因为亲代或祖代的表现，在遗传上有一定的相似性，可以据此对被选的种鸭作出大致的判断。在运用系谱资料时，血缘关系愈近影响愈大，亲代的影响比祖代的大，祖代的影响比曾祖代的大。

2. 从本身成绩进行选择 系谱资料反映上代的情况，只说明生产性能可能怎么样，而本身的成绩则说明其生产性能已经怎么样。这是选种工作的重要依据，每个育种场必须做好个体记录。但是依据本身成绩进行的选择，只适用于遗传性高的性状，经过这样的选择才能取得明显的效果。

3. 从同胞姐妹的成绩进行选择 同父母的兄弟姐妹叫全同胞，同父、异母或同母、异父的兄弟姐妹叫半同胞，它们之间有共同的祖先，在遗传上有

一定的相似性，尤其是在选择公鸭的产蛋性能方面，可以作为主要依据之一。

4. 从后裔的成绩进行选择　通过以上 3 项选择，可以比较正确地选出优秀的种鸭，但它是否能够真实、稳定地将优秀性状遗传给下一代，还必须进行后裔测定。只有了解下一代子女的生产成绩，选择才能更优秀。

第三节　种鸭选配方法与繁殖技术

一、选配方法

（一）纯种繁育

是指在同一品种范围内，通过选种选配、品系繁育、改善培育条件等措施，提高种群性能的一种方法。其基本任务是保持和发展一个种群的优良特性，增加种群内优良个体的比重，克服该种群的某些缺点，达到保持种群纯度和提高整个种群质量的目的。纯种繁育有以下两个方面的作用：一是巩固遗传性，使种群中固有的优良品质得以长期保持，并迅速增加同类型优良个体的数量；二是提高现有品质，使种群水平不断上升。此法的特点是能保留本品种特性，但要防止近亲繁殖，应由外地引入没有血缘关系的同品种公鸭配种，并且要注意选种、选配和培育，以防品种特性退化。地方优良品种的保种多用此方法。

（二）品种或品系杂交

即用不同的品种或品系杂交，杂交后代用于商品生产。这种方式生产的商品鸭常表现成活率高、生长发育速度快、生活力与抗病力强、产肉多、饲料转化率高等杂种优势。现代商品肉鸭普遍采用这种方法。杂交商品鸭可以是四系配套、三系配套或二系配套，分别称为四元杂交、三元杂交或二元杂交商品鸭。一个四系配套商品杂交鸭，是由配套品系经祖代、父母代两次杂交制种而产生的。

（三）远缘杂交

即用同属不同科的亲本杂交，如用公番鸭与母家鸭配种。远缘杂交的好处是杂种鸭体型大，累积肌肉性能良好，耐粗饲，抗病力强，缺点是母鸭不能产蛋繁殖后代。目前在实际生产中不仅有二元杂交，也有三元杂交。

二、繁殖技术

（一）配种年龄和利用年限

种鸭到性成熟时具有繁殖能力，公、母鸭都有交配的欲望，但一般以性成熟后 1 个月开始交配为宜。因为种鸭配种年龄过早，不仅影响其生长发育，而且受精率低。鸭的性成熟时间与品种、气候和饲养管理条件有关。一般大型肉用鸭公鸭成熟晚，以 182～200 日龄开始配种为宜；番鸭配种时间为 165～210 日龄；地方良种肉鸭配种时间为 165～200 日龄。

对于父母代肉种鸭，母鸭可利用两个产蛋年，即第一个产蛋期结束后可通过人工强制换羽进入第二个产蛋期；公鸭一般只用 1 年，因公鸭量少，且利用年轻公鸭可获得较高的受精率。

（二）公、母比例

种鸭群中公、母的适当比例对种蛋受精率的高低有直接影响。若母鸭过多，得不到及时配种，则无精蛋多；若公鸭过多，不仅浪费饲料及增加管理费用，而且还会产生争配现象，同样也会降低种蛋的受精率。品种、年龄、季节及配种方法不同，则公、母比例有异。一般肉用种鸭公、母比例为1：(4～5)；番鸭公、母比例为1：(5～8)；肉蛋兼用鸭种公、母比例为1：(10～15)。

（三）配种方法

通常分为自然交配和人工授精两种。

1. 自然交配　自然配种的鸭，在水中交配比在陆地上交配的受精率高，所以有条件的种鸭场可在运动场上设置人工水池。但水池中的水应经常更换，尽量保持清洁、不污浊、不发臭，以保证较高的受精率。自然配种又分为大群配种和小群配种。

（1）大群配种　即按比例把一定数量的公鸭和母鸭集中饲养在一起，使每只鸭都有机会自由交配。此配种方法适合于一般种鸭繁殖场。

（2）小群配种　即是按公、母适当比例，仅将一只公鸭与一小群母鸭集中在单间栏舍内或运动场（池）内。种蛋上要有公鸭的编号，雏鸭出壳后也相应编号记录。此配种方法适合于较大的育种场。

2. 人工授精　人工授精是养鸭生产中的一项繁殖技术，可避免公、母鸭体型差异太大所引起的配种困难，同时可提高优良种公鸭的配种量，减少公鸭的饲养量而节省生产成本，人工授精可使番鸭的受精率较自然交配提高30%～40%。但人工授精还存在一些缺点，只在一些育种公司和体型差异大的品种间杂交配种时采用，如番鸭和家鸭杂交。

第五章

种鸭营养需要与饲料

第一节　种鸭营养需要

营养物质可分为五大类，即：水分、能量、蛋白质、维生素和矿物质。尽管各种营养物质的功能有所不同，但都是鸭体的重要组成部分，缺一不可。否则，就会引起营养失调，阻碍鸭的正常生长发育和产蛋性能的发挥，严重时甚至导致死亡，造成更大的经济损失。尤其是肉用种鸭进入产蛋期后，对营养物质的需求比以前的任一阶段都高，除用于维持生命活动必需的营养物质外，更需要大量产蛋所必需的营养物质。如不能在日粮中提供足够的营养物质，高产是不可能实现的。为此，饲养者应该给种鸭提供平衡的、足够数量的营养物质，以获得较高的经济效益。

一、水分

水参与鸭生理活动的全过程，鸭体内营养物质的消化、吸收、运输、利用、废物排出、体温调节等都依赖水的作用。水也是鸭体及鸭产品的主要构成成分。鸭体内的含水量初生雏鸭约75%，成年后降至48%～55%，鸭蛋中的含水量约74%。鸭如果饮水不足，会导致食欲下降，对饲料的消化率和吸收率降低，生长速度减慢，种鸭产蛋量减少，严重时可引起死亡。

圈养的种鸭大部分时间被关在棚内，在水中活动的时间大大减少，在供水方面必须注意把好以下关键点。

1. 水要充足　种鸭圈养时采食量大，必须依靠水来消化吸收这些物质，故一天24小时不可断水。如供水不足，鸭渴时就会饮用脏水，从而严重影响健康与产蛋。鸭的饮水量因年龄、饲料种类、饲养方式、采食量、产蛋率高低、季节的变化及健康状况而异，一般为饲料量的 5 倍左右，夏季会更高。

2. 水要清洁和卫生　用水槽喂水时，每天要至少洗刷水槽 2 次，以给鸭供应充足、新鲜、清洁的饮水。为保证提供的饮水不被鸭弄脏，水槽（水盆）不可敞口，必须用铁丝或竹条制成网状格子罩住。最好在圈鸭近处打井，让鸭喝上井水。鸭棚内的水槽（水盆）装置要深，水的深度能经常保持 15 厘米，这样不但鸭喝水方便，更为重要的是鸭的鼻腔能被水经常冲洗，以保持通畅和正常呼吸。如水槽（水盆）中盛的水太浅，鸭的鼻腔得不到冲洗，就会被分泌物的黏液堵塞，鸭鼻被堵塞后鼻部角质变软、肿胀、变形后难以恢复，极易生病，甚至死亡。

二、能量

种鸭的一切生理活动过程包括运动、呼吸、循环、消化、吸收、排泄、生长、生产产品和体温调节等都需要能量。碳水化合物、脂肪是能量的主要来源，多余的蛋白质也分解产生能量，但将蛋白质作为鸭的能源是极不经济的，不仅产能率低，而且价格通常较高。能量是饲料的重要组成部分，饲料能量浓度起着决定种鸭采食量的重要作用，种鸭的营养需要或营养供给均可以能量为基础表示。饲料中的能量不能完全被鸭利用，一部分能量不能被吸收，从粪中排出。即使是吸收的能量，也有相当一部分在代谢过程中未被利用而从尿中排出。余下的才是鸭实际用到的能量，称为代谢能。代谢能中有一部分在代谢过程中变为热，从体表散失。最后剩余的才是用以长肉、产蛋的能，称为生产净能。代谢能约占饲料总能的 72.5%，而生产净能只占总能的 20% 左右。饲料中提供的总能大约需要 5 倍于鸭产品中的能量才能满足鸭的需要。能量不足，鸭生长速度缓慢，产蛋量少，甚至消瘦、停产，还容易发生各种疾病。

鸭的能量需要受许多因素影响，其中体重、蛋重、环境温度和产蛋水平的高低是主要影响因素。体重大的鸭所消耗的能量比体重小的要多。产蛋率不同，能量消耗也不同，相对而言产蛋量越高能量消耗越大。环境温度低时，鸭的代谢速度加快，以产生足够的热能来维持正常的体温，因而低温所需维持的能量要比适温时高。

在自由采食状态下，鸭有调节采食量以满足能量需要的本能。鸭比鸡接受低能饲料的能力强，在提供的能量饲料少或限制饲喂时，其饲料转化率将可能上升，但胴体脂肪含量减少，瘦肉率增加。在考虑能量水平时，应根据不同阶段鸭的营养需要，特别注意饲料内能量与其他各种营养素之间要保持正确的比例。饲料中能量水平提高时，蛋白质和其他营养素的水平也要相应提高；反之，也要相应降低。

为配制营养足够的种鸭饲料配方选择含有足够可利用能的饲料原料是绝对必需的。种鸭大量采食的能量用于维持，必须得到高于维持需要的能量才能用于生产，如生长和产蛋。在日粮中能量的需要量大于任一种其他营养素，因此含能量高的原料（通常为谷物类）在鸭日粮配方中占很大比例。当然对能量来源的选择取决于可能性、价格、质量及其他因素。用高能谷物原料，如以玉米、小麦和高粱为基础配制日粮时，鸭的生长速度快，饲料转化率高。

日粮脂肪也是种鸭的重要能量来源。鸭能很好地利用常用饲料原料中的脂肪，同时也受益于在日粮中适量添加稳定的饲料级油脂，保持日粮中蛋白质与能量之间的适当平衡。由于鸭日粮一般制成颗粒，因此脂肪的添加水平受颗粒持久度的限制。若将脂肪加入饲料混合物中，则应有一定限度；但将脂肪喷洒在成品颗粒料上时，添加水平可高些。与其他禽类一样，鸭得益于添加油脂的"额外热效应"或"等能"效应，即用油脂能量取代日粮中等能量碳水化合物时取得的生产性能的改善。夏季在育成鸭和种鸭配方中适当添加油脂是有益的，因为与碳水化合物和脂肪相比，油脂的热增耗较低。如果鸭配方中总的脂肪水平超过 4%，或者怀疑日粮中某种原料含有酸败的脂肪，则建议在日粮中加入抗氧化剂。

三、蛋白质

蛋白质是鸭体一切组织（如肌肉、血液、皮肤等）、各种器官，以及酶、激素、抗体等的重要组成成分，同时也是鸭蛋、羽毛等鸭产品的重要组成成分。当日粮中蛋白质缺乏时，表现为雏鸭生长速度缓慢，羽毛生长不良；成年鸭开产期延迟，产蛋率下降，蛋重小，抗病力降低，严重时体重降低，产蛋停止，甚至死亡。饲粮中氨基酸或蛋白质过量导致其他养分需要量增加，同时尿酸生成量增多，能量利用率降低。因此，种鸭饲料中蛋白质水平的设定具有一定的科学依据，不是越高越好。

蛋白质由各种不同的氨基酸组成，饲料中蛋白质不仅要在数量上满足鸭的需要，而且各种必需氨基酸的比例也应与鸭的需要相符，否则利用效率就差。因此，在配制日粮时，首先考虑的是日粮应提供足够量的每种必需氨基酸，其次要确保日粮提供足够量的蛋白质，其中也含有非必需氨基酸或用以合成它们的前体。

为供给所需的氨基酸，蛋白质的来源很重要。所选的蛋白质饲料必须能提供一系列氨基酸，使之在日粮中与谷物饲料所提供的氨基酸一起以尽可能最低的成本满足鸭对氨基酸的需要量。豆粕、优质鱼粉、肉骨粉、菜粕及玉米蛋白粉等都是高蛋白质饲料资源。动物性蛋白质的氨基酸组成比较合理，其中所含必需氨基酸比较完全，尤其是赖氨酸、蛋氨酸的含量较高；而植物性蛋白质所含必需氨基酸种类少，品质差些。在鸭的氨基酸需要量中，含硫氨基酸是最为限制性的，其次为赖氨酸，因而在日粮中适量添加蛋氨酸、赖氨酸、胱氨酸能有效提高饲料蛋白质的利用率。

在确定鸭日粮蛋白质水平时，通常要与能量结合起来考虑。鸭日粮中适宜的能量蛋白比（ME/CP）对于鸭的生长、饲料转化率及其经济效益的作用都比单独使用蛋白质需要量更为重要。雏鸭的能量蛋白比为 14 时较为适宜，而生长育成期鸭的能量蛋白比为 17～19 时所产生的综合效益最佳。

四、维生素

维生素是鸭代谢所必需而需要量极少的低分子有机化合物，体内一般不能合成，必须由饲粮提供或者提供其合成的前体物。维生素既不是形成机体各种组织器官的原料，也不是能源物质。它们主要以辅酶和催化剂的形式广泛参与体内代谢的多种化学反应，从而保证机体组织器官的细胞结构和功能正常，以维持鸭的健康和各种生产活动。饲料中缺乏维生素时，会引起相应的缺乏症，发生代谢紊乱，影响鸭的正常生长、发育、受精、产蛋和种蛋孵化，甚至发生各种疾病，严重时可导致鸭死亡。各种维生素在鸭体内的作用和缺乏时鸭出现的主要症状见表 6-1。

表 6-1　维生素对鸭的主要功能及缺乏时鸭出现的主要症状

维生素	主要功能	缺乏症
A	促进生长，增进视力，保护上皮组织	生长发育不良，干眼病，共济失调，产蛋率和孵化率下降，抗病力差
D_3	促进钙、磷的吸收，有利于骨骼和蛋壳的生长及形成	生长速度缓慢，发生佝偻病，骨质梳松，蛋壳薄，产蛋量和孵化率低
E	抗氧化作用，维持生殖器官的正常机能和肌肉的正常代谢	雏鸭脑软化、渗出性素质病及肌肉营养不良，种鸭繁殖障碍
K	参与凝血，促进伤口血流迅速凝固	肌肉、黏膜易出血，凝血时间延长

（续）

维生素	主要功能	缺乏症
B₁（硫胺素）	参与碳水化合物代谢，维持神经细胞的正常机能，使鸭保持良好的食欲	食欲减退，体重减轻，羽毛松乱、无光泽，多发性神经炎，致死
B₂（核黄素）	参与能量代谢	脚趾向内侧弯曲，软腿、瘫痪，以膝关节触地行走，产蛋量下降，孵化率降低
B₆（吡哆醇）	参与蛋白质代谢	生长停滞，肌肉动作不协调，抽搐，皮肤发炎，羽毛粗糙，产蛋率和孵化率均下降
B₁₂（钴胺素）	参与多种代谢活动，为维持鸭的正常生长、繁殖所必需	雏鸭生长不良，贫血，食欲不振，饲料转化率低；种鸭产蛋量下降，孵化率降低
烟酸（尼克酸）	参与体内碳水化合物、脂肪和蛋白质代谢	生长不良，口、舌发炎，羽毛蓬乱、稀少、缺乏光泽，下痢，膝关节肿大，滑腱症
叶酸	参与核酸代谢和核蛋白形成	贫血，生长不良，羽毛稀疏，胫骨弯曲，骨粗、短，出现典型的颈部麻痹
泛酸	促进碳水化合物、蛋白质的消化吸收，参与脂肪的合成	生长速度缓慢，羽毛粗乱，皮下出血、水肿，发生皮肤炎，嘴角及眼睑周围结痂，产蛋率、孵化率均降低
生物素	参与蛋白质和碳水化合物的代谢，并与脂肪合成有关	脚、喙周围皮肤破裂、发炎，羽毛脱落，骨骼畸形，运动失调，种蛋孵化率低
胆碱	参与脂肪代谢和细胞膜的形成	易患脂肪肝症和滑腱症，雏鸭生长速度减慢，母鸭产蛋量减少
C	参与多种代谢活动，能提高抗病毒、抗病、抗高温能力	生长受阻

需要注意的是，我国及美国 NRC 提出的维生素需要量都只接近防止临床缺乏症出现的最低需要量，此时鸭不表现出缺乏症，但生产性能并非达到最佳。在生产实际中，维生素的添加量要高于最低需要量，因为鸭对维生素的需要主要受多种因素影响。一般种鸭对维生素的需要高于产蛋鸭，生长速度快、生产性能高的肉鸭需要维生素也多；舍饲鸭比放牧饲养鸭需要的维生素

多；应激、疫病及恶劣的环境条件会增加鸭对维生素的需求；饲料在加工、贮存时受到酸、碱、光、热、氧化还原剂、重金属盐等因素的影响，维生素会受到破坏，从而也加大了维生素的需要量；另外，日粮的营养浓度及饲料中的某些成分都会对维生素的需要量产生影响。不同情况下影响维生素添加量的因素见表6-2。维生素预混料由专业厂家生产或者在专业饲料配方师的指导下制备，在贮存、搅拌和制粒过程中依然能保留较高的效力。但是养殖场制备维生素预混料时，建议将维生素与微量元素预混料分开，因为在接触像预混料这样高浓度的微量元素时，维生素会受到一定的破坏。

表6-2　影响维生素添加量的因素

影响因素	受影响的维生素种类	维生素需要量
饲料成分	所有维生素	10%～20%
环境温度	所有维生素	20%～30%
舍饲笼养	B族维生素、维生素K	40%～80%
使用未加稳定剂且含有过氧化物的脂肪	维生素A、维生素D、维生素E、维生素K	100%或更高
肠道寄生虫（如蛔虫、毛细线虫）	维生素A、维生素K	100%或更高
使用亚麻籽粕	维生素B_6	50%～100%
疾病	维生素A、维生素E、维生素K、维生素C	100%或更高

五、矿物质

鸭日粮配方中常用的天然饲料原料中往往含有大量重要矿物质，因此不一定要添加，但应确保每个日粮配方中所用原料确实以可利用的形式提供这些矿物质元素。在鸭日粮中通常补充常量矿物元素和微量元素预混料，其中包括钙、磷、食盐、铁、铜、锌、锰、碘、硒和钴等。这些元素必须由饲料充分供应，否则鸭的生长、繁殖和健康都要受到影响，它们的主要功能及缺乏时鸭出现的主要症状见表 6-3。

表 6-3　主要矿物元素的主要功能及缺乏时鸭出现的主要症状

矿物质	主要功能	主要缺乏症
钙	是构成骨骼、蛋壳的成分，促进血液凝固，与钠和钾共同维持心脏正常功能的	雏鸭易患软骨病；种鸭骨质易疏松，甚至瘫痪，产薄壳蛋或软壳蛋，且产蛋率下降
磷	构成骨骼，参与碳水化合物和脂肪的代谢，维持体液的酸碱平衡	软骨症，关节硬化，食欲减退，生长速度缓慢
食盐（钠和氯）	增进食欲，促进生长，帮助消化，维持体液的酸碱平衡	食欲减退，生长不良，有啄癖或神经症状，产蛋率下降
铁	为血红蛋白的成分，使血液能正常输送氧气	贫血
铜	参与多种代谢活动，为合成血红蛋白和防止营养性贫血所必需	贫血，消化不良，羽毛褪色
锌	参与多种代谢活动，为蛋白质合成和正常代谢所必需，为胰岛素的成分，与维持正常食欲和精子生成有关	食欲减退，生长速度缓慢，羽毛生长不良，出现骨骼病症，种蛋孵化率低
锰	参与多种代谢活动，为骨的形成、生长发育和繁殖所必需	骨骼变形，滑腱症，产蛋量、蛋壳质量和孵化率均下降
碘	甲状腺素的成分，对体内代谢、产热有调节作用	甲状腺肿，种蛋孵化率低，孵出的雏鸭死亡率高
硒	解除体内代谢产物——过氧化物对细胞的破坏作用	肌肉营养不良，渗出性素质（胸腹积水），生长停滞，孵化率下降，雏鸭全身软弱无力，肌肉萎缩，卧地不起

第二节 鸭常用饲料原料

鸭常用的饲料有能量饲料、蛋白质饲料、矿物质饲料、维生素饲料及添加剂饲料等。

一、能量饲料

能量饲料是指饲料干物质中粗纤维含量小于18%、粗蛋白质含量小于20%的饲料。这类饲料在种鸭日粮中占的比重较大，是能量的主要来源，包括谷实类及其加工副产品，其代谢能含量一般为10.45～14.00兆焦/千克。能量饲料的特点是含能量高，消化性好，粗纤维含量少，但蛋白质含量低。能量饲料的用量一般占日粮的50%～70%。

(一) 谷实类

谷实类饲料包括玉米、大麦、小麦、高粱等粮食作物的籽实。其营养特点是淀粉含量高，有效能值高，粗纤维含量低，适口性好，易消化。但粗蛋白质含量低，氨基酸组成不平衡，色氨酸、赖氨酸、蛋氨酸含量少，生物学价值低；矿物质中钙少磷多，植酸磷含量高，不易被鸭消化和吸收；另外，缺少维生素D。因此，在生产上应与蛋白质饲料、矿物质饲料和维生素饲料配合使用。

1. 玉米 玉米号称"饲料之王"，在配合饲料中占的比重很大，其有效能值高，代谢能含量达13.5～14.04兆焦/千克。但玉米中的蛋白质含量低，只有 7.5%～8.7%，必需氨基酸不平衡，矿物质元素和维生素缺乏，在配合饲料中需补充其他饲料和添加剂。黄玉米中含有胡萝卜素和叶黄素，对保持蛋黄、皮肤及脚部的黄色具有重要作用。当粉碎的玉米中水分高于 14% 时，玉米易发霉变质，因此如需长期贮存以不粉碎为好。

2. 大麦 大麦中含代谢能 11.34 兆焦/千克左右，比玉米的低；但粗蛋白质含量较高，约为 11%，高于玉米，且品质优于其他谷物；B 族维生素含量丰富。大麦外壳粗硬，不易被消化，宜破碎并限量饲喂。大麦在种鸭饲粮中的用量一般为 15%～30%，雏鸭应限量。

3. 小麦 小麦的代谢能比玉米低，但比大麦高，代谢能约为 12.5 兆焦/千克，粗纤维少，适口性好。其粗蛋白质含量在禾谷类中最高，达 12%～15%，其氨基酸组成比玉米、大米的蛋白质完善，但苏氨酸、赖氨酸缺乏；B 族维生素含量比较丰富，但缺乏维生素 A 和维生素 D；无机盐含量少；钙、磷比例不当，使用时必须与其他饲料配合。小麦黏性较大，在日粮中的添加量一般可占日粮的 10%～20%。

4. 高粱 高粱代谢能为 12～13.7 兆焦/千克，蛋白质含量与玉米相当，但品质较差，其他成分与玉米的相似。高粱中含单宁较多，味苦，适口性差，并影响蛋白质、矿物质的利用率。因此，在种鸭日粮中应限量使用，不宜超过 15%。含有低含量单宁的高粱其用量可适当提高，一般占日粮的10%～15%。

5. 燕麦 燕麦代谢能约为 11 兆焦/千克，粗蛋白质为 9%～11%，含赖氨酸较多。但因粗纤维含量也高，达 10%，故不宜在种鸭中过多使用。

（二）糠麸类

糠麸类饲料是谷类籽实加工制米或制粉后的副产品。其营养特点是无氮

69

浸出物比谷实类饲料少；粗蛋白质含量与品质居于豆科籽实与禾本科籽实之间；粗纤维与粗脂肪含量较高，易酸败变质；矿物质中磷大多以植酸盐形式存在，钙、磷比例不平衡。另外，糠麸类饲料来源广、质地松软、适口性好。

1. 麦麸　包括小麦麸和大麦麸，粗蛋白质含量为 13.5%～15.5%，且富含磷、锰和 B 族维生素，适口性好。但能量含量较低，代谢能一般为 7.11～7.94 兆焦/千克。粗纤维含量较高，为 8.5%～12%。因质量轻，单位质量容积大，质地蓬松，所以麦麸具有轻泻作用，是鸭的常用饲料。但粗纤维含量高，应控制用量。一般雏鸭和产蛋期种鸭麦麸用量占日粮的 5%～15%，育成期占 10%～25%。

2. 米糠　米糠是糙米精制成白米后的副产品。100 千克稻谷可生产大米 72 千克、稻壳（砻糠）22 千克和米糠 6 千克。米糠中的粗蛋白质含量为 11.5%～12%，粗脂肪含量为 12%～15%，粗纤维含量为 8%～9%，其能值较高，代谢能为 11.70 兆焦/千克。因其粗脂肪含量高，极易氧化酸败，故不能长时间存放；粗蛋白质含量低于小麦麸，约为 12%，但蛋氨酸含量高达 0.25%，与豆粕配伍较好；含有丰富的磷，钙的含量较少；维生素 E、维生素 B_1、烟酸含量丰富。米糠的适口性不如麦麸，粗纤维含量也多，因此消化率受到影响，应限量使用。一般雏鸭米糠用量占日粮的 5%～10%，育成期米糠用量占日粮的 10%～20%。

（三）玉米皮

玉米皮是加工玉米粉的副产品，B 族维生素含量丰富；蛋白质含量为 7.5%～10.0%，且品质较差，无氮浸出物的含量为 60%～67%；脂肪含量为 2.6%～6.3%，多为不饱和脂肪酸，易氧化酸败，不易久存；粗纤维含量较多，在高产鸭和肉鸭日粮中的添加量不超过 20%，停产鸭和后备鸭日粮中的添加量可适当增加。

（四）块根、块茎和瓜类

这类饲料一般指甘薯、马铃薯、胡萝卜、南瓜等。它们含水量高，自然状态下一般为70％～90％；干物质中淀粉含量高，纤维含量少，蛋白质含量低，缺乏钙、磷，维生素含量差异大。这类饲料适口性好，鸭都喜欢吃，但其中的营养成分往往不能满足鸭的需要，因此饲喂时应配合添加其他饲料。

（五）油脂类

油脂中能量高，代谢能高达32.35～36.95兆焦/千克，是蛋白质和碳水化合物的2～2.25倍。添加油脂可以改善饲料的适口性；提高脂溶性维生素的利用率；抗热应激，改善外观；消除静电，减少粉尘。但要严格控制油脂质量，防止酸败。通常用于种鸭饲料的油脂有大豆油、玉米油、米糠油等。油脂的添加量不宜过多，一般不要超过4％。

二、蛋白质饲料

蛋白质饲料是指干物质中粗纤维含量在18％以下、粗蛋白质含量大于或等于20％的饲料，可分为植物性蛋白质饲料、动物性蛋白质饲料、单细胞蛋白质饲料和合成氨基酸四类，以下主要介绍植物性蛋白质饲料和动物性蛋白质饲料。

（一）植物性蛋白质饲料

植物性蛋白质饲料包括豆科籽实、饼粕类及部分糟渣类饲料。鸭常用的是饼粕类饲料，它是豆科籽实和油料籽实提油后的副产品，其中压榨提油后的块状副产品称作饼，浸提出油后的碎片状副产品称作粕，常见的有大豆饼粕、菜籽饼粕、棉籽饼粕、花生饼粕等。这类饲料的营养特点是粗蛋白质含量高，氨基酸较平衡，生物学价值高。但菜籽饼粕、棉籽饼粕、花生饼粕中往往含有一些抗营养因子，部分含有大量的霉菌毒素，因此在种鸭饲料中应少用或禁用。

1. 大豆饼粕　其含粗蛋白质在40％以上，品质接近于动物性蛋白质。含赖氨酸较多，但蛋氨酸、胱氨酸含量不足，添加合成蛋氨酸后可代替鱼粉。大豆饼粕是养鸭最优良的植物性蛋白质饲料。大豆饼粕的原料是生大豆，它含几种毒素，如胰蛋白酶抑制因子、血细胞凝集素、皂角苷等。适当加热后就可以破坏以上有害物质，如果加热不足则会影响营养物质的消化吸收。生大豆和未经加热的大豆饼粕不能直接喂鸭，但加热过度又会使其中的氨基酸变性，降低利用效率。豆粕的含脂率低，易贮存，且粗蛋白质、其他氨基酸含量都比豆饼高，因此在生产上经常使用。

2. 花生饼粕　花生饼粕有带壳和脱壳两种，营养成分差异较大。带壳花生饼的蛋白质含量低，而粗纤维含量高达15％。脱壳后的花生仁饼粕营养价值高，代谢能含量可超过大豆饼粕。花生饼粕的粗纤维素含量为5.3％左右。蛋白质的含量也很高，高者可达到44％以上，但氨基酸组成不佳。另外，花生饼粕的适口性极好，有香味，鸭很爱吃。花生饼粕很易染上黄曲霉，产生黄曲霉毒素，使用时应注意。

3. 菜籽饼粕　菜籽饼粕含较高的蛋白质，达34％～38％，含硫氨酸较丰富，赖氨酸、精氨酸含量低，精氨酸与赖氨酸之间较平衡，含铁较丰富而其他元素含量较少。由于菜籽饼中因含多种抗营养因子，如硫葡萄糖苷、芥子碱、植酸、单宁等，因此适口性差，饲喂价值低于豆粕，日粮用量一般以5％～8％为宜。

4. 棉籽饼粕 棉籽饼粕含粗蛋白质较高，达 34％以上。粗纤维含量较高，达 13.0％以上。粗脂肪含量较高，是维生素 E 和亚油酸的良好来源，但不利于贮存。其蛋白质中，精氨酸的含量高达 3.67％～4.14％，但蛋氨酸、赖氨酸含量低，容易产生精氨酸与赖氨酸的颉颃作用。矿物质含量与大豆饼粕类似，含有抗营养因子棉酚等，加入 0.5％硫酸亚铁可减轻棉酚对鸭的毒害作用。棉籽饼粕的用量不宜超过日粮的 5％。

其他饼类如芝麻饼、葵花饼、亚麻仁饼等，也都是植物性蛋白质饲料，可适当掺用。

（二）动物性蛋白质饲料

这类饲料主要是水产品、肉类、乳和蛋品加工的副产品，还有屠宰场和皮革厂的废弃物及缫丝厂的蚕蛹等。其共同特点是蛋白质含量高，品质好，矿物质含量丰富且比例适当，B 族维生素含量丰富，碳水化合物含量极少，不含纤维素，因此消化率高。但含有一定数量的油脂，容易酸败，并容易被病原细菌污染。

1. 鱼粉 包括进口鱼粉和国产鱼粉。进口鱼粉一般是由全鱼制成，蛋白质含量高达 60％～70％，且品质好，必需氨基酸齐全，尤其是富含蛋氨酸、赖氨酸和胱氨酸；钙、磷含量丰富，含钙 5％～7％、含磷 2.5％～3.5％，且比例适宜，而且磷的利用率也高；含有脂溶性维生素，水溶性维生素中核黄素、生物素和维生素 B_{12} 含量丰富；微量元素铁、锌、硒等含量也较高。国产鱼粉的质量与国外的差异较大，蛋白质含量高者可达 60％以上，低者却不到 30％，并且含盐量较高，因此在日粮中的用量一般不超过 5％，主要是配合植物性蛋白质饲料使用。尽管鱼粉的质量好，但由于其价格昂贵，因此其在生产中的用量受到限制，在日粮中用量通常不超过 5％。

2. 肉骨粉、肉粉 是以屠宰场副产品中除去可食部分之后的残骨、皮、脂肪、内脏、碎肉等为主要原料，经过熬油后再干燥、粉碎而得的混合物。含磷量在 4.4% 以上的为肉骨粉，在 4.4% 以下的为肉粉。肉骨粉的营养成分及品质取决于原料种类及成分、加工方法、脱脂程度及贮存期等。一般含蛋白质在 20%～50%，赖氨酸含量较高，但蛋氨酸、色氨酸含量较鱼粉的低。肉骨粉中钙、磷含量高，比例平衡，B 族维生素含量高，是比较好的蛋白质饲料。肉粉和肉骨粉长期贮存时容易腐败，质量下降。日粮中的适宜添加量一般在 5% 左右。

3. 血粉 含粗蛋白质 80%～90%，含赖氨酸 7%～8%，比鱼粉高近 1 倍，色氨酸、组氨酸含量也高。但血粉的蛋白质品质较差，血纤维蛋白不易消化；赖氨酸的利用率低，氨基酸不平衡。不同动物的血粉成分不同，混合血粉比单一血粉质量好。血粉味苦，适口性差，用量不宜超过 5%，否则可能会引起腹泻。

4. 羽毛粉 含粗蛋白质在 84% 以上，但品质差，氨基酸含量不平衡，蛋氨酸、赖氨酸和色氨酸含量低。不容易被消化吸收，且适口性差。在日粮中的使用主要用于补充含硫氨基酸，用量不可超过 5%。

5. 蚕蛹粉 蚕蛹粉是蚕蛹经干燥、粉碎后的产物，其粗脂肪含量可达 22% 以上，故代谢能水平高，可达 11.70 兆焦/千克以上。蚕蛹粉的蛋白质含量高达 54% 以上，蛋氨酸、赖氨酸和色氨酸含量高，且富含钙、磷及 B 族维生素，因此是优质蛋白质。由于蚕蛹粉中不饱和脂肪含量高，因此贮存不当易变质、氧化、发霉和腐烂。蚕蛹粉的添加量一般占日粮的 5% 左右。

三、矿物质饲料

矿物质饲料都是营养素含量较为单一的饲料，用于补充饲料中的钙、磷、氯、钠等常量元素及微量元素。

（一）食盐

食盐中含氯 60%，含钠 40%，用以补充饲料中钠和氯的需要量。鸭对食盐的需要量主要受以下因素影响：①粗纤维含量增加时食盐需要量应提高；②日粮中钙、磷缺乏时食盐配比量应降低；③磷含量增加时可减少食盐的用量；④钙含量过高时对食盐有颉颃作用；⑤食盐含量多时增加了锰的需要量。计算食盐配合量时，应把其他含食盐多的饲料（如鱼粉、酱渣等）中的食盐含量计算在内。注意含盐过多的鱼粉不可使用。食盐的用量一般占饲料总量的 0.3%～0.37%。

（二）钙

补充饲料内钙需要量的常用原料有碳酸钙、贝壳粉、蛋壳粉及磷酸钙。石粉为天然的碳酸钙，含钙量高达 37% 左右，是补充钙质最廉价的矿物质饲料，但要注意镁的含量不得过量。贝壳粉是补充钙的最好饲料，含钙多（34%～38%），易吸收。雏鸭用量在 1% 左右，成年鸭用量为 6%～8%。

（三）磷

我国是一个缺乏磷矿资源的国家，因此解决磷源饲料十分重要。常用的磷源饲料有蒸骨粉、脱胶骨粉、磷酸二氢钙（磷酸一钙）、磷酸氢钙（磷酸二钙）及磷酸钙（磷酸三钙）。骨粉中磷含量达 16.4%，钙含量为 36.4%。磷酸氢钙中含磷 18.97%、含钙 24.3%，钙、磷比例符合鸭的需要。使用时应防止腐败，且氟的含量不能超标。日粮中骨粉和磷酸氢钙用量可占日粮的 1%～1.5%。

(四) 微量元素

能提供微量元素的一些产品主要是化学产品。常用的有硫酸亚铁、硫酸铜、硫酸锰、硫酸锌（氧化锌）、碘化钾、碘酸钙、亚硒酸钠、氯化钴，一般以饲料级规格出售，以添加剂预混料的形式添加到日粮中。常用的微量元素化合物都是一些无机化合物，一般以硫酸盐较好，鸭对其的利用率高于氧化物。而有机化合物，如蛋氨酸锰、赖氨酸锌、苏氨酸铁等虽然元素利用率高，但价格较高，生产中尚未广泛应用。

1. 铁 硫酸亚铁、硫酸铁、三氯化铁、碳酸亚铁、氧化铁、延胡索酸铁等均是铁元素的补充剂。其中，生物利用率最高的是硫酸亚铁，且原料来源广泛，价格便宜。

2. 锌 碳酸锌、氧化锌、硫酸锌三者的生物利用率相同，习惯上人们常用价格较低的硫酸锌。

3. 铜 铜元素的无机盐有碱式碳酸铜、氯化铜、氧化铜、氢氧化铜、硫酸铜等。按生物利用率看，硫酸铜比氧化铜、氯化铜及碳酸铜更好，且来源广、价格低，因此常被作为铜元素的补充剂。

4. 锰 碳酸锰、氧化锰及硫酸锰三者中硫酸锰的生物利用率最高，因此种鸭饲料常用硫酸锰来满足鸭对锰的需要。

5. 硒 亚硒酸钠、硒酸钠、硒化钠、硒元素等均是硒元素的补充剂，其中以亚硒酸钠的生物利用率高，硒含量也最高且价格低，故常用它作为硒元素的补充剂。

6. 碘 碘化钾、碘化钠、碘酸钾、碘酸钙等均是碘元素的补充剂，其中碘化钾、碘酸钙的生物利用率均优良，但碘化钾稳定性差，而碘酸钙稳定性高，因此常使用碘酸钙作为鸭饲料最广泛的碘源。

7. 钴　补充钴的化合物有氯化钴、碳酸钴、硫酸钴、醋酸钴等，其中硫酸钴与氯化钴的生物利用率相等，因此常选用氯化钴和硫酸钴。

四、维生素饲料

维生素饲料主要指化学合成的产品或加工提取的浓缩产品，不包括富含维生素的天然青绿饲料，习惯上称为维生素添加剂。在各种饲料原料中一般都含有维生素 E 及 B 族维生素，在动物性饲料原料中还含有维生素 A、维生素 E、维生素 D 和维生素 B_{12} 等，有些饲料中含有的胡萝卜素也可转化为维生素 A。但在全价饲料中，往往把饲料原料中的维生素忽略不计，而是另外补充工业上生产的维生素，以添加剂预混料的形式添加到日粮中。维生素制剂的种类很多，同一制剂其组成及物理特性不一样维生素的有效含量就不一样。因此，在配制维生素预混料时，应了解所用维生素制剂的规格。在使用维生素添加剂时，不但应按其活性成分的含量进行计算，而且应考虑加工贮存过程中的损失量。

五、添加剂饲料

添加剂是指除提供营养物质的饲料之外，为某种特殊目的而加入到配合饲料中的少量或微量物质，主要是指以化学工业生产的饲料，包括营养性添加剂及非营养性添加剂。

1. 营养性添加剂　营养性添加剂是指动物营养上必需的且具有生物活性的微量添加成分，主要用于平衡或强化日粮营养，包括氨基酸添加剂、维生素添加剂和微量元素添加剂等。

（1）氨基酸添加剂　氨基酸按国际饲料分类法属于蛋白质饲料，但生产上习惯称为氨基酸添加剂。目前工业化生产的饲料级氨基酸有蛋氨酸、赖氨酸、苏氨酸、色氨酸、谷氨酸和甘氨酸。其中，蛋氨酸和赖氨酸最易缺乏，是限制性氨基酸，因此在种鸭生产上的应用较普遍。添加氨基酸，可使日粮中的氨基酸达到最佳配比，可减少蛋白质饲料的用量，提高鸭对蛋白质饲料的利用率。

（2）维生素添加剂　主要是人工合成的各种单项维生素及复合维生素。在使用维生素添加剂时，要注意一些因素对维生素效价的影响，在需要量的基础上还要加一定的保护量。

（3）微量元素添加剂　鸭需要的微量元素，按鸭的需要量以添加剂的形式补充到饲料中去。微量元素添加剂含有铁、铜、锰、锌、碘、硒、钴等元素。在饲料内添加时，不仅要考虑各元素的需要量及各元素的协同和颉颃作用，还要考虑各饲养地区元素分布特点和所用饲料中各元素的含量。

2. 非营养性添加剂　非营养性添加剂不是饲料内固有的营养成分，而是外加到饲料中以提高饲料效率的部分。此类添加剂种类繁多，如抑菌促生长剂、抗氧化剂、防霉剂、酶制剂、酸味剂、微生物制剂、中草药添加剂等。

（1）抑菌促生长剂　这类添加剂的主要作用是：抑制与宿主争夺营养成分的微生物；促进消化道的吸收能力，提高种鸭对饲料的利用率；影响种鸭体内代谢过程的速度；抑制病原微生物的繁殖，增进种鸭健康，提高种鸭生产性能。早期主要使用抗生素类，但由于其在体内及产品中的残留问题，现已受到限制，目前用抗菌肽、植物精油等。

（2）抗氧化剂　空气中的氧是造成饲料变质、腐烂的诱因。氧化变质的饲料产生异味后，不仅影响其适口性，降低鸭的采食量，而且可能引起鸭拒食。即使食入后，也因影响消化或有效成分被破坏而降低饲料的营养价值，同时也会损害鸭的健康。在饲料中添加抗氧化剂则可防止饲料氧化变质，常用的抗氧化剂有乙氧基喹啉（简称"乙氧喹"）。它能保护维生素 A，各类脂肪及肉粉、鱼粉、骨粉等饲料中易氧化的成分，防止饲料变质。另外，还有二丁基羟基甲醛及丁基羟基茴香醚，它们除有抗氧化作用外，还有较高的抗菌力。

（3）防霉剂　饲料中含有丰富的蛋白质、淀粉、维生素等营养成分，在高温高湿的情况下，饲料容易因微生物的繁殖而产生腐败霉变。因此在生产和贮存配合饲料时，都需要添加防霉剂。常用的防霉剂有丙酸、丙酸钠、丙酸钙、山梨酸、苯甲酸、蚁酸、柠檬酸等。

（4）酶制剂　作为一种外源性酶，在日粮中添加酶制剂可以弥补雏鸭内源性消化酶的不足，使消化道较早地获得消化功能，并对内源性酶进行调整，使之适应饲料的要求。酶制剂可分为消化性酶制剂和非消化性酶制剂两类。

①消化性酶制剂　饲料中常用的消化性酶制剂有 α-淀粉酶、糖化酶、酸性蛋白酶和中性蛋白酶，主要有辅助鸭消化道酶系，降解淀粉和蛋白质成为易被吸收的小分子物质。

②非消化性酶制剂　主要包括木聚糖酶、果胶酶、甘露聚糖酶、β-葡聚糖酶、纤维素酶等非淀粉多糖酶和植酸酶。根据产品中所含酶的种类，饲用酶制剂一般分为饲用单一酶制剂和饲用复合酶制剂，最常用饲用酶制剂是几种酶的复合物。

（5）酸制剂　菌业生产上使用柠檬酸、乳酸、胡羧酸及其他有机酸作为饲料酸化剂已有很长时间。使用有机酸能提高鸭只尤其是雏鸭的生产力，能预防饮水被细菌污染。柠檬酸、苹果酸、琥珀酸等有机酸作为能量，柠檬酸可促进雏鸭生长，减少脂肪肝，增加血磷含量，提高产蛋率。但生产中酸制剂不可超过限饲量，否则会引起尿酸沉积和生长减慢。

（6）微生态制剂　微生态制剂是运用微生态学原理，利用对宿主有益的微生物及其促生长物质，经特殊工艺制成的制剂。它能改变肠道微生物区系，排出或控制潜在的病原菌；能产生消化酶，并与体内的酶共同作用，促进饲料消化；能刺激免疫系统，提高干扰素和巨噬细胞的活性等；微生物在肠道内代谢时，能产生几种 B 族维生素。总之，添加微生态制剂能提高鸭的增重和饲料转化率，降低发病率，减少或取代抗生素的使用，减少鸭产品中抗生素的残留，搞高产品质量，降低饲养成本。

（7）中草药添加剂　中草药有营养与药物两种属性，有杀菌、调节机体代谢能、免疫机能等作用，能促进鸭的生长，提高饲料转化率。虽然中草药具有抗病、促生长的作用，但由于受原料品质、加工方法等因素的影响，其使用效果有很大的不稳定性。

第三节　日粮配合原则及设计方法

一、日粮配合原则

得益于现代育种技术的发展与应用，种鸭的生产性能比以前有了大幅度提高，对饲料和营养的要求也更高；另外，饲料占养鸭生产总成本的 60%～80%，其重要性显而易见。因此，需要了解各种营养物质的作用和它们在各种饲料中的准确含量，参照饲养标准，选用优质的原料，采用科学合理的生产工艺流程，配制出能满足种鸭不同阶段营养需要的最佳日粮。只有这样才能降低饲养成本，提高经济效益。

（一）营养性原则

必须按种鸭的营养需要，首先保证能量、蛋白质、限制氨基酸、钙、有效磷、地区性缺乏的微量元素与重要维生素的供给量；然后根据当地饲养水平的高低、鸭的品种和季节等条件的变化，对选用的饲养标准作10%左右的增减调整；最后确定使用的营养需要。

在设计配合饲料时，一般把营养成分作为优先条件考虑，同时还必须考虑适口性和消化性等方面，这在种鸭的育雏阶段和产蛋高峰期尤为重要。

饲料配方的营养性，表现在平衡各种营养物质之间错综复杂的关系，调整各种饲料之间的配比关系，配合饲料的实际利用效率及发挥种鸭最大生产潜力诸方面。配方的营养受制作目的（种类和用途）、成本和销售等条件制约。

（1）以饲养标准为基础　目前种鸭的饲养标准基本还是由英国樱桃谷公司提供，具有一定的科学依据。但由于种鸭所处的生产性能、饲养环境条件、产品市场不同，因此在应用饲养标准时应对饲养标准进行研究，根据种鸭的生产性能、饲养技术水平与设备、饲养环境条件、产品效益等及时调整。

（2）能量优先满足原则　在营养需要中，最重要的指标是能量需要量。只有在优先满足能量需要的基础上，才能考虑蛋白质、氨基酸、矿物质和维生素等养分的需要。

（3）多种养分平衡原则　能量与其他养分之间及各种养成分之间的比例应符合营养需要，如果饲料中营养物质之间的比例失调，营养不平衡，则必然导致不良后果。饲料中蛋白质与能量的比例关系用蛋白能量比表示，即每千克饲料中蛋白质克数与能量（兆焦）之比。日粮中能量低时，蛋白质的含量须相应降低。日粮能量高时，蛋白质的含量也相应提高。此外，还应考虑氨基酸、矿物质和维生素等养分之间的比例平衡。

（4）控制粗纤维的含量　鸭有与其他禽类不同的消化生理特点，相对而言，鸭对粗纤维的消化力较强，饲料配方中可以适当添加含粗纤维含量较高的饲料。但是也存在一定的限度，通常种鸭的饲料配方中粗纤维的含量控制在5%以下。

（5）饲料配方分型　以利用当地饲料资源为主，充分发挥其饲养效率，不盲目追求高营养指标；同时，采用优质、高效、专用的饲料配方。原料成分值尽量选用有代表性的，避免出现极端数字。原料成分并非恒定，会因收获年度、季节、成熟期、加工、产地、品种等不同而异，要注意原料的规格、等级和品质特性。在设计饲料配方时，最好对重要原料的重要指标进行实际测定，以便提供准确的参考依据。

（二）科学性原则

经济合理的种鸭饲料配方必须根据其饲养标准所规定的营养物质需要量的指标进行设计。在选用的饲养标准基础上，可根据饲养实践中种鸭的生长或生产性能等情况作适当调整。一般按种鸭的体重、生产性能或季节等条件的变化，对饲养标准作适当的调整。

设计饲料配方应熟悉所在地区的饲料资源现状，根据当地饲料资源的品种、数量及各种饲料的理化特性和饲用价值，尽量做到全年比较均衡地使用各种饲料原料。在这方面应注意的问题如下：

1. 饲料品质　应选用新鲜、无毒、无霉变、质地良好的饲料，黄曲霉和重金属砷、汞等有毒有害物质不能超过规定含量，含毒素的饲料应在脱毒后使用或控制一定的使用量。

2. 饲料体积　饲料的体积尽量和种鸭的消化生理特点相适应。通常情况下，若饲料的体积过大，则其能量浓度降低，不仅会导致种鸭消化道负担过重，进而影响饲料的消化，而且会稀释养分，使养分浓度不足。反之，饲料的体积过小，即使能满足养分的需要，也会让种鸭达不到饱感而处于不安状态，进而影响鸭的生产性能或饲料转化率。

3. 饲料的适口性　饲料的适口性直接影响鸭的采食量。影响混合饲料的适口性因素通常有：味道（如甜味，某些芳香物质、谷氨酸钠等可提高饲料的适口性），粒度（过细不好），矿物质的量和粗纤维的量，应选择适口性好、无异味的饲料。若采用营养价值高但适口性差的饲料，则须限制其用量，如血粉、菜粕（饼）、棉粕（饼）、芝麻饼、葵花粕（饼）等，特别是为雏鸭设计饲料配方时更应注意。对味道差的饲料也可采用适当搭配适口性好的饲料或加入调味剂的方法，以提高其适口性。

4. 配料多样化原则　指将不同饲料原料互相搭配、互相补充，以提高配合饲料的营养价值。例如，在氨基酸互补上，玉米、高粱、棉粕、花生粕和芝麻饼不管怎么搭配，其饲养效果都不理想。因为它们都缺少赖氨酸，不能很好地起到互补的作用。在种鸭育雏阶段，玉米配芝麻粕的日粮和高粱配花生粕的日粮，其饲养效果都远远不如玉米配豆粕的日粮，即使蛋白质水平比配豆粕的日粮高一些，效果也不如配豆粕的日粮好。这是因为日粮中蛋白质含量增加，即使赖氨酸含量满足要求，但其他氨基酸都相对过剩，以至整个日粮中氨基酸不平衡，从而降低了利用效率。

（三）经济性原则

经济性即考虑合理的经济效益。饲料原料的成本在种鸭生产中占很大比利（约70%），在追求高质量的同时往往会付出成本上的代价。饲喂较好的饲料时，需考虑种鸭的生产成本是否为最低或收益是否为最大。

（1）适宜的配合饲料的能量水平，是获得单位鸭产品最低饲料成本的关键。种鸭饲料，加油脂比不加油脂能够提高饲料转化率。但是，是否加油脂要视油脂价格而定，要考虑提高饲料转化率所增加的产值能否补偿添加油脂

而提高的成本。

（2）不用劣质的原料，不以次充好。盲目追求饲料生产的高效益往往会导致养殖业的低效益，饲料厂应有合理的经济效益。

（3）原料应因地因时制宜，既能充分利用当地的饲料资源，又能降低成本。

（4）设计种鸭饲料配方时，应尽量选用营养价值较高、价格低廉的饲料。可利用几种价格便宜的原料进行合理搭配，以代替价格高的原料。生产实践中常用禾本科籽实与饼类饲料搭配，或饼类饲料与动物性蛋白质饲料搭配等，这样均能收到较好的效果。

（5）饲料配方是技术核心，应由通晓有关专业的技术人员设计并对其负责。饲料配方正式确定后，执行配方的人员不得随意更改和调换饲料原料。

（6）改进饲料加工工艺和节省动力消耗等，均可降低生产成本。

二、饲料配方设计方法

（一）手工设计法

手工设计常用的方法有试差法、方块法和代数法。生产中最常用的手工设计方法是试差法，此法容易掌握，一般生产单位都可依此设计饲料配方，大致可分为以下 5 个步骤：

（1）确定鸭的饲养标准，根据所饲养的鸭的品种和所处生产阶段选用饲养标准，确定拟配制的饲料应该给予的能量、蛋白质等各种营养物质的种类和数量。

（2）选择原料，根据当地饲料资源状况，以及自己的经验初步拟定出饲料原料的种类及试配比例。

（3）从饲料营养成分和营养价值表中查出所选用原料的营养成分含量。

（4）按试配比例计算出所选定的各种原料中各项营养成分的含量，并逐项相加，算出成品中各项营养成分的含量，然后与（1）中所确定的饲养标准相比较，并逐步调整到与其基本相符的水平。

（5）根据饲养标准、预防鸭疾病和促生长的需要使用适量的添加剂，如氨基酸、维生素、矿物质、抗生素等。

（二）软件设计法

目前，在鸭配方制作中广泛采用线性规划法，利用配方软件可完成饲料配方中对单一目标（最低成本）多营养需要指标的大量计算任务，此为饲料配方的计算机设计法。其原理是以鸭对营养物质的最适需要量和饲料原料的营养成分及价格作为已知条件，以满足鸭营养需要量及每种原料期望用量作为约束条件，再以饲料成本最低作为配方设计的目标，使用计算机进行运算。用软件做出的配方应与鸭营养的基础知识和实践经验结合起来，这是因为所显示的配方可满足鸭对饲料最低成本的要求，但并不一定是最优配方，还要根据生产者的实践经验来进行多次调整。最低的饲料配方成本并不一定能取得鸭养殖的最佳效益，使鸭机体有最佳生长表现的饲料配方，不一定成本最低。目前国内外常用的配方软件有资源配方师、精算师、美国 Brill、英国 Format 等。表 6-4 列出了 2SM3 型（大型）樱桃谷鸭父母代肉种鸭的营养需要。

表 6-4　2SM3 型（大型）樱桃谷鸭父母代肉种鸭的营养需要推荐

营养	育雏期	育成期	产蛋期
代谢能（千焦/千克）	12 142	11 932	11 304
粗蛋白质（%）	20.0	15.5	19.5
总赖氨酸（%）	1.3	0.7	1.2

（续）

营养	育雏期	育成期	产蛋期
可利用赖氨酸（%）	1.1	0.59	1.02
总甲硫氨酸（%）	0.4	0.31	0.39
总甲硫氨酸+胱氨酸（%）	0.7	0.55	0.68
可利用总甲硫氨酸+胱氨酸（%）	0.65	0.51	0.63
总苏氨酸（%）	0.9	0.55	0.65
总色氨酸（%）	0.21	0.14	0.21
脂肪（%）	4.0	4.0	4.0
亚油酸（%）	1.0	0.75	1.5
粗纤维（%）	4.0	4.5	4.0
钙（最低）（%）	1.0	0.90	3.75
有效磷（最低）（%）	0.5	0.4	0.4
钠（最低）（%）	0.18	0.18	0.18
氯（最低）（%）	0.14	0.14	0.18
钾（%）	0.6	0.4	0.6
锰（毫克/千克）	100	80	100
锌（毫克/千克）	100	80	100
铁（毫克/千克）	50	50	50
铜（毫克/千克）	15	15	15
碘（毫克/千克）	3	2	3
硒（毫克/千克）	0.25	0.25	0.25
维生素 A（TIU/千克）	13.5	10	15
维生素 D_3（TIU/千克）	3	3	4
维生素 E（毫克/千克）	100	100	100
维生素 K_3（毫克/千克）	10	10	5
硫胺素（毫克/千克）	3	3	5
核黄素（毫克/千克）	12	10	16

（续）

营养	育雏期	育成期	产蛋期
泛酸（毫克/千克）	16	12	20
烟酸（毫克/千克）	75	45	50
维生素 B_{12}（毫克/千克）	0.025	0.015	0.025
胆碱（毫克/千克）	1 500	1 500	1 500
生物素（毫克/千克）	0.25	0.15	0.2
叶酸（毫克/千克）	2	2	2.5

注：资料来自英国樱桃谷鸭公司。

三、参考配方

1. 种鸭育雏期 （1～8 周龄）　玉米 50，小麦 10，米糠 5，豆粕 27，石粉 1.5，磷酸氢钙 1.5，预混料 5，合计 100。

2. 种鸭育成期 （9～21 周龄）　玉米 40，小麦 20，米糠 10，豆粕 10，麸皮 11，肉骨粉 1.5，石粉 1.5，磷酸氢钙 1，预混料 5，合计 100。

3. 种鸭产蛋期 （21 周龄至淘汰）　玉米 30，小麦 15，米糠 10，豆粕 25，鱼粉 3，肉骨粉 2，石粉 8.5，磷酸氢钙 1.5，预混料 5，合计 100。

第四节　肉用种鸭饲料的选购、贮存与使用

要正确选购肉用种鸭饲料，首先需要掌握肉鸭配合饲料的基本知识，了解配合饲料的类型。

一、配合饲料定义及分类

配合饲料是指以动物的不同生长阶段、不同生理要求、不同生产用途的营养需要，以及以饲料营养价值评定的试验和研究为基础，按科学配方将多种不同来源的饲料依一定比例均匀混合，并按规定的工艺流程生产的饲料。通常分为 3 种：添加剂预混料、浓缩饲料、全价配合饲料。

（一）添加剂预混料

这是一种不能直接饲喂的配合饲料，它仅含有动物所需要的单一营养成分，如维生素、氨基酸、药物等，必需加上能量饲料原料和蛋白质饲料原料才能组合成全价配合饲料。添加剂预混料在全价饲料中的用量较少，一般为 1％～6％。

（二）浓缩饲料

将添加剂预混料与蛋白质饲料原料按一定配比混合，生产出的产品便是浓缩饲料。浓缩饲料的特点是蛋白质含量高，一般为 30％～45％，但也不能直接饲喂。要在浓缩饲料中加入一定比例的能量饲料原料，才能成为全价配合饲料。

（三）全价配合饲料

该类饲料的营养成分含量与饲养标准相符，是能直接饲喂的饲料形式。

二、肉鸭饲料的选购

（一）饲料厂家的选择

一般而言，选择饲料时对厂家的选择就决定对产品选择的正确与否。

大的饲料企业一般更为注重产品质量，企业管理规范，对原料、加工过程的把控严格；某些小的饲料企业虽然也能加工出质量较好的饲料，但稳定性不够。

（二）外包装的选择

1. 合格证　包装袋内应有合格证，且合格证上要加盖检验人员印章、检验日期、批次。

2. 标签　要求标示完整、正确，完整的饲料标签应包含以下内容：品名，饲料产品名称应与产品标准一致，饲料名称需指明使用对象和使用阶段；主要原料和所起的作用，产品成分分析保证值，注明生产日期、保质期、厂名、厂址、电话；标有"本产品符合饲料卫生标准"字样；另外，还需标有生产该产品所执行的标准编号、注册商标。

（三）饲料物理性状的选择

饲料的形状可以影响鸭的采食量、养分的吸收率。饲料常见的有粉状饲料、颗粒饲料，肉鸭料、种鸭料一般选用颗粒饲料。同时注意不同生长阶段颗粒直径的大小，颗粒太大影响鸭采食；颗粒太小饲料粉末多，浪费多。饲料颗粒外观也是评定一个公司管理水平高低的标准之一。

（四）感官上的鉴别

从外观看，好的饲料其颗粒长短均一，无发霉、发酵、结块现象，无焦糊味、酸败味、哈喇味等。不能认为饲料颜色越黄就是豆粕、玉米等原料含量多，就是好饲料。一些厂家为了迎合这种心理，通过添加一些色泽黄但营养价值低的原料，如喷浆玉米皮等来改变饲料颜色。

三、饲料贮存

（一）玉米贮存

玉米主要是散装贮存，一般立筒仓贮存的都是散装。立筒仓虽然贮存时间不长，但因玉米厚度高达几十米，所以水分含量应控制在14％以下，以防发热。不是立即使用的玉米，可入低温库贮存或通风贮存。如玉米粉，因其空隙小，透气性差，导热性不良，粉碎后温度较高（一般在30～35℃），如果水分含量稍高，则易结块、发霉、变苦，很难贮存。因此，刚粉碎的玉米应立即通风降温，码垛不宜过高，最好码成"井"字垛，便于散热，并及时检查、及时翻垛。一般应采用玉米籽实贮存，需配料时再粉碎。

其他籽实类饲料的贮存与玉米的相同。

（二）饼粕类贮存

饼粕类由于本身缺乏细胞膜的保护作用，营养物质外露，很容易感染虫、病菌，也易酸败，因此保管时要特别注意防虫、防潮和防霉。入库前可使用磷化铝熏蒸，敌百虫溶液消毒。仓底铺垫也要切实做好，最好用砻糠作为垫底材料。垫底要干燥压实，厚度不少于20厘米；同时，要严格控制水分，最好在5％左右。

（三）麸皮贮存

麸皮破碎疏松，孔隙度较面粉的大，吸潮性强，脂肪含量高（多达5％）。因此，很容易酸败、生虫、霉变，特别是在高温、潮湿的夏季更易霉变。麸皮贮存 4 个月以上，酸败速度就会加快。新出机的麸皮应将其温度降到 10～15℃再入库贮存，在贮存期要勤检查，防止结露、生霉、吸潮。一般贮存期不宜超过 3 个月。

（四）米糠贮存

米糠中的脂肪含量高，导热性不良，但吸湿性强，因此极易发热酸败。贮存时应避免踩压，入库时米糠要勤检查、勤翻、勤倒，注意通风降温。米糠贮存的稳定性比麸皮的还差，不宜长期贮存。

（五）配合饲料的贮存

配合饲料的种类很多，因内容物不一致、料型不同，所以贮存特性也各不相同。

1. 全价颗粒饲料　全价颗粒饲料因用蒸汽加压处理，杀死了大部分微生物和害虫，孔隙度大，含水量较低，淀粉糊化后将一些维生素包裹。因此，贮存性能较好，短期内只要做到防潮即可，也不易因受光的影响而破坏其中的维生素。

2. 全价粉状配合饲料　全价粉状配合饲料大部分是谷类，表面积大，孔隙度小，导热性差，容易吸潮发霉，其中维生素容易受高温、光照等的影响。因此，全价粉状配合饲料一般不宜久放，贮存时间最好不要超过2 周。

3. 浓缩饲料　浓缩饲料导热性差，易吸潮，微生物和害虫易繁殖，维生素易受热、氧化而失效。贮存时有条件的可加入适量抗氧化剂，但也不宜过久贮存。

4. 添加剂预混料　添加剂预混料主要是由维生素和微量元素组成，有的

则添加了一些氨基酸、药物或一些载体。要注意存放在低温、遮光、干燥的地方，最好加入一些抗氧化剂，但贮存期也不宜过久。维生素添加剂也要用小袋遮光密闭分开包装，使用时再与其他预混料成分混合，这样其效价就不会受太大影响。

第六章

种鸭的饲养管理

肉用种鸭的饲养通常分为三个阶段：育雏期（0～4 周龄）、育成期（5～25 周龄）和产蛋期（26 周龄至停产）。

第一节　育雏期的饲养管理

一、雏鸭的生理特点

1. 生长发育极为迅速　现代大型肉鸭品种雏鸭，经过 25 天的饲养体后重即可达到 1.5 千克，42 天可达 3 千克，49 天可以达到 3.8 千克。因此育雏期日粮中营养物质的需要量必须严格按照营养标准予以供给，以满足雏鸭生长发育的需要，且要注意供给新鲜空气。

2. 体温调节机能较弱　刚出壳的雏鸭体小，绒毛稀、短，保温性能差，体温较成年鸭低 2～3℃，体温调节机能没有发育完善，对外界温度变化的适应能力很差。当外界温度低于 25℃时，会叠成堆，依靠体温取暖，15～20 天后雏鸭对温度的调节机能日趋稳定。

3. 消化机能尚未健全　刚出壳的雏鸭，其消化器官尚未经过饲料的刺激和锻炼，消化道容积很小，食管的膨大部很不明显，其贮存食物的能力有限，消化机能尚未发育完全，消化能力弱。因此应保证饲料营养全面，易于消化吸收。另外，雏鸭对饥渴比较敏感，贪食，任何时候都不能少水。

4. 抗病力差　雏鸭抗病机能不完善，对疾病的抵抗力差，易得病死亡。刚出壳的雏鸭，其肠道中段外侧有一个 5～7 克的卵黄囊。雏鸭出壳后如果腹部能得到适宜的温度，入舍后能及早饮水开食，可极大地增强体质和抗病力，促进雏鸭生长。因此，育雏阶段要严格控制环境，加强饲养管理，增强雏鸭对疾病的抵抗力,切实做好卫生防疫工作。

5. 胆小,群居性强　刚孵化出来的雏鸭胆小,群居性强,对外界环境陌生,需要一个逐步适应的过程。

二、种雏的选择

雏鸭品质的好差,直接关系育雏率和生长速度,也关系以后的生产性能。因此,在购买雏鸭时应选择具有种禽生产许可证、环境和饲养管理符合种鸭生产要求的种鸭场所生产的健康雏鸭。

选择在同一时间内出壳、绒毛整洁、毛色正常、大小均匀、眼大有神、行动活泼、脐带愈合良好无血或干硬痕迹、卵黄吸收良好、体膘丰满、尾端不下垂、趾爪无弯曲损伤的壮雏。在挑选种鸭时,还要特别注意雏鸭要符合本品种特征,凡是腹大而紧、脐带愈合不好、绒毛残次不齐、畸形、精神不振、软弱无力的雏鸭均不应入选。

三、育雏前的准备

(一)育雏舍的准备

(1)育雏舍要求保温,卫生,通风良好,便于消毒。可以单独建育雏舍,也可以利用种鸭舍育雏。种鸭被淘汰后,对鸭舍进行清理、维修、清洗和消毒,根据育雏数量,用保温膜与其他栏圈隔开可用于育雏,秋季将四周围好即可。如果用种鸭舍育雏则要封顶,冬天封顶(高度以 1.7 米为宜),用煤炉保温的则要注意通风,避免一氧化碳中毒。若在冬天(11 月到次年 4 月)进鸭苗,则要提前 2 小时将舍内温度升到 28~30℃。保温膜要挂于鸭舍房梁上,房梁与房顶之间的空隙要堵严,防止热气溢出。排污沟要封好,防止贼风袭入。每栏悬挂一个经校正的温度计，其下端与鸭背齐平。

（2）地面育雏时需铺 2 厘米厚的垫料（2 天换一次）供雏鸭栖息。垫料最迟应在进雏前 24 小时、鸭舍熏蒸消毒前铺好。垫料要铺匀铺平，清除任何可能损伤雏鸭的异物，并准备数量充足的开食盘、料布、饮水器等用具。垫料要求干燥，无霉变、无有毒物质，吸水性强，质地松软。

（3）按照一定的面积用隔网将鸭舍分成单个栏圈，并对每栏进行标号，以便分栏饲养。一般规格为每栏 2 米×2 米，每栏养 200 只雏鸭。在室内饮水岛的竹排上铺垫网子，以免雏鸭漏入竹排间的空隙。网子要平整不留空隙，防止雏鸭钻入网下或漏入排污沟。

（4）进雏前 1 周，将育雏所用的各种工具放入鸭舍内，密封所有窗户、大门及排污沟，用甲醛熏蒸消毒。消毒结束后，打开门窗彻底通风 3～4 天方可启用。

（二）育雏用具的准备

1. 喂料和饮水用具　包括开食盘、料布、料盆、真空饮水器、普拉松饮水器等，使用前将其浸泡在 0.5%～1% 的百毒杀溶液或来苏儿溶液中进行洗刷消毒，并用清水冲洗干净。

2. 免疫转群用具　包括活动场围栏、筐子等，使用前应消毒。

3. 称量用具　包括磅秤、电子称和量筒，提前校正好后放入鸭舍。

4. 保温用具　要准备好保温伞、热风炉、铁炉、保温灯、白炽灯、保温膜和升温所用燃料（如煤）等。

5. 其他用具　如铁锹、刮粪工具、扫帚、水桶、喷雾器、小推车、钳子、锤子、螺丝刀等。

注意所有物品带入鸭舍前必须消毒。

（三）饲料和疫苗的准备

1. 饲料的准备 根据进鸭数确定所用饲料量，并备足 1 周用的新鲜雏鸭料。1 000 只鸭以第一次准备 10 包料（400 千克）为宜，以后每次准备 10～15 天的料，并存放在通风干燥处。

2. 饮水的准备 准备 25～30℃的温开水，盛水的容器要盖好，防止污染。在雏鸭到达鸭舍前 2 小时将溶有电解多维和 5％葡萄糖的温水加入开食盘中。

3. 育雏药物的准备 接雏用的葡萄糖、电解多维、预防性药物、各种疫苗和消毒药等应提前备好。

（四）预温

进雏前，夏季提前 12 小时、冬季提前 24 小时，打开育雏室内的供热系统（如煤炉或热风炉等），将室内温度升到育雏所需的温度（28～30℃），并保持此温度等待雏鸭入舍。升温时，注意观察各栏温度，尤其是远离供热系统的最后一栏的温度。若此栏温度过低，则可以在原先挂好的保温膜的后一栏再加一层保温膜，作为缓冲间。冬季窗内外最好封两层保温膜，以利升温。雏鸭入舍前 6h，用喷雾器再将鸭舍喷雾消毒一次，以达到增加湿度、消毒地面和降低粉尘的目的。

四、雏鸭的饲养管理

1～4 周龄为雏鸭阶段，该阶段的管理与成活率的高低有关。因此在育雏期，一方面要增强鸭的体质，避免疫病发生，另一方面也是骨骼形成的前期阶段。

（一）雏鸭入舍

1. 卸车　雏鸭到达时，育雏人员立即以最快的速度将雏鸭搬入舍内，并按照要求分别放入各栏圈内。注意分清公、母，单箱摆开，不要叠放。

2. 放苗　每栏抽取 1～2 箱称量体重，做好记录。称重后开始放苗，将死雏和残雏拣出，同时计数（包括死雏数和弱雏数），将其记录在箱盖上。放苗时要轻拿轻放。为了使公鸭有适当的"性记忆"，必须有少数的母鸭跟公鸭饲养在一起，这些母鸭被称为"盖印母鸭"。公鸭栏中公、母鸭的比例为 5：1。

3. 统计鸭数　统计每栏箱盖上的鸭数，并将包装箱搬出鸭舍，同时与原放置计划核对，统计死雏、残雏数，并做好记录。

（二）雏鸭喂水、喂料

1. 喂水

（1）雏鸭出壳后原则上应在 12～24 小时内"开饮"。雏鸭到达育雏室后要饮用温开水，水中添加 5% 葡萄糖、维生素。远离水盘的雏鸭要将其拿到水盘处，并将嘴放入水中，诱导其饮水。刚到的雏鸭使用开食盘开饮，使雏鸭有足够的饮水空间。待每只雏鸭都开饮后，逐步将水盘换成真空饮水器。

（2）真空饮水器逐步向饮水岛的入口位置移动，3～5 天后过渡到普拉松饮水器。待雏鸭放入运动场后改用水槽饮水，饮水器或水槽每天应清洗 1～2次，隔天消毒 1 次。换成真空饮水器后，水中添加抗生素，供雏鸭饮用 2～3天，3 天后换用一般的清洁水。

（3）平均每只雏鸭应有 1.5 厘米以上的饮水空间，随着日龄的增加，饮水空间不断扩大，饮水器的底缘高度与雏鸭的背部保持齐平。雏鸭饮水量较大，饮水器里必须有水，但也要防止雏鸭戏水，以免绒毛被沾湿后导致感冒。

2. 喂料

（1）开饮后开食　将称好的破碎料均匀地撒在开食盘上，开食盘均匀分布在栏圈内，让雏鸭采食。注意饮水器和开食盘的距离要近，便于雏鸭饮水。当温度不均衡造成雏鸭分布不均时，要将饮水器和开食盘移动到雏鸭集中的地方。

（2）料型　刚出壳的雏鸭消化道很细，应给其饲喂破碎料，即颗粒直径为2～3毫米的雏鸭料，1周以后逐步过渡为颗粒料。

（3）喂料量　根据鸭龄，将每只鸭所需的料量乘以存栏鸭数，即得到每栏的喂料量，喂料前20分钟称量所用的饲料。根据雏鸭饲养环境，以及周末称重情况适当调整鸭的喂料量。以樱桃谷鸭为例，育雏期采食量管理是前10天自由采食；第11天开始控料，并分三餐投喂，即母鸭55克/只、公鸭60克/只；第12天母鸭60克/只，公鸭65克/只；以后每天加5克料，一直加到26天母鸭为130克/只、公鸭为135克/只为止，以后每周称量鸭重确定1周每天的喂料量。若鸭平均体重正常，则保持该喂料量。如果各栏间温度不均衡，则从开食时起，即对低温区的雏鸭适当加料，以弥补温度不均造成的生长不一致。

（4）喂料方式　开食时将破碎料均匀撒在开食盘中，换成料布后将大部分料撒在料布上，少量撒在开食盘中，引导雏鸭用料布采食，饮水器放到料布周围，以保证雏鸭就近吃料、饮水。喂料前用扫帚扫掉料布上的垫料和粪便，然后再撒料。料布每天收一次，收起后冲洗消毒，5天后逐步将颗粒料放入料桶中。每次喂料前必须观察饮水器内是否有水。

（5）喂料次数　分次饲喂时，每次饲喂的饲料最好让鸭只在20～30分钟内采食完，否则饲料粉化会造成浪费。具体喂料次数可参考如下：1日龄时8次/天（即将每日料量平均分成8份），2～3日龄时6次/天；4～7日龄时4

次/天，第 2 周 3 次/天，第 3 周 2 次/天，第 4 周 1 次/天。

3. 垫料管理 鸭舍地面上需铺垫洁净、干燥、松软的材料（如稻壳、刨花、木屑、破碎的花生壳、麦秸、稻草等）作为垫料。垫料中不得含有细绳、铁丝、玻璃、石块等杂物，坚决避免使用发霉变质的垫料。

进雏后不宜翻动垫料，因为此时雏鸭需要的湿度较大，一般要人工加湿。随着雏鸭粪便增多，垫料湿度增加，而雏鸭所需湿度降低，此时要经常翻动垫料，加强通风，以保持垫料松软、干燥。垫料中粪便过多、过湿时可在其上添加新垫料，添加频率取决于鸭龄、气候及所使用的饮水系统。通常情况下，育雏时每星期添加 3 次，但具体情况视鸭舍卫生状况而定。

4. 环境条件控制

（1）温度控制 温度是育雏工作的重点，不仅影响雏鸭的体温调节、运动、采食、饮水及饲料营养的消化吸收，还影响机体代谢、抗体产生、体质状况，只有适宜的温度才有利于雏鸭的生长发育，提高其成活率。雏鸭在入舍的最初几天必须进行加热保温，加热的程度和时间要考虑鸭舍和周围的气温，并提早在雏鸭到达之前开始升温，使育雏区内温度达到要求。一般温度要求为：1～5 日龄 28～30℃，6～10 日龄 25～27℃，11～15 日龄 23～25℃，16 日龄及以上 16～23℃。育雏温度是否适宜，应以雏鸭的表现为标准。如鸭群比较分散，基本无张嘴呼吸的情况出现，则说明温度适宜；如鸭群相互堆积挤，缩颈耸肩，则说明温度过低；如鸭群张口呼吸，散离热源，烦躁不安，饮水量增加，则说明温度过高。

在进行免疫或生病时要适当提高温度，并保持舍内温度均匀恒定，昼夜温差不要超过 3℃，晚间温度比白天略高。

保温时间的长短应根据季节和雏鸭的强弱灵活掌握。夏季育雏时雏鸭一般在育雏室保温 2～3 天后开始降温，1 周就可以完全脱温；若室温超过

35℃，则要注意做好通风和降温等工作。冬季育雏，保温时间一般持续半个月左右，让鸭只逐渐适应外界温度后再脱温。

（2）湿度控制　育雏前期，室内温度较高，水分蒸发速度较快，此时相对湿度要高些。若雏鸭经长途运输转入干燥的育雏室，体内的水分会大量丧失，影响卵黄吸收，引起食欲不振、消化不良、活力不足，因此雏鸭入舍前的 6 小时要进行一次喷雾消毒，以增加湿度。如果湿度依然在 50％以下，则可通过洒水、放置水盆等方法增加湿度，但垫料仍然要保持干燥。随着雏鸭呼吸量加大，排泄量增大，2～7 日龄既要防干又要防湿，则此期最适宜的育雏湿度为 55％～65％。7 日龄以后，雏鸭饮水量增加，排泄的粪便量也增多，鸭舍内不会太干燥，这时要加强通风，经常翻动垫料或添加新垫料，防止舍内过于潮湿而诱发多种疾病。湿度一般以第 1 周为 70％，第 2 周为 60％，第 3 周后为 50％较好。

（3）通风控制　雏鸭新陈代谢旺盛，若通风不良，有害气体超标，则极易诱发疾病，因此应做好通风控制

（4）光照控制　刚出壳的雏鸭宜采用较强的连续光照，以便使其尽快熟悉环境，迅速学会饮水和采食。光照能提高雏鸭的体表温度，促进血液循环和骨骼发育，并能刺激消化系统，促进雏鸭的采食和运动，提高新陈代谢。一般 1 日龄的雏鸭连续光照时间为 24 小时，以后每天减少 1 小时，到 7 日龄减为 17 小时，然后用自然光照。

（5）饲养密度与分群　雏鸭的饲养密度因日龄、饲养方式、环境而不同。饲养密度过大，会造成雏鸭的活动受到限制，采食、饮水困难，空气污浊；饲养密度过低，房舍利用率低，能源消耗多，不经济。一般育雏密度为：1～5 日龄，20～25 只/米²；6～10 日龄，15～20 只/米²；11～15 日龄，12～15 只/米²；16～20 日龄，8～12 只/米²。另外，要根据雏鸭生长发育情况及时

扩群。在供暖设备可以满足雏鸭所需温度的条件下，1周龄末开始扩群，2周龄后即可扩到育成期的饲养密度。扩群时选择温度适宜的时间段，冬季一般在晴好天气、气温较高的中午进行，并采取保温措施；夏季宜在凉爽的早晨或下午进行，并提前饮用抗应激药物。

5. 管理　育雏过程中要对鸭群的采食、饮水、呼吸、排粪等进行细心观察，发现问题及时处理。每次喂料后仔细观察鸭群，及时挑出采食不好、精神萎靡的雏鸭，将其单独饲喂后再放入大群。及时淘汰没有饲养价值的雏鸭。鸭舍要保持安静，避免对鸭群造成惊吓。

6. 免疫　雏鸭免疫在先了解父母代鸭苗祖代场的饲养管理水平及卫生防疫情况后，再根据当地疫病流行情况制定本场切实可行的免疫程序。一般需要注射的疫苗包括鸭病毒性肝炎疫苗、鸭瘟疫苗、传染性浆膜炎疫苗，以及大肠埃希氏菌病疫苗＋禽霍乱疫苗、禽流感H9疫苗、禽流感H7疫苗等。

7. 消毒　消毒可以为雏鸭创造一个良好的生长环境，可从育雏第4天开始坚持每隔2天带鸭消毒一次，宜交替使用碘制剂或季铵盐类等安全、刺激性小的消毒剂，带鸭消毒要认真彻底、不留死角。饮水器具和料布按时擦洗并浸泡消毒，发现损坏立即更换。

第二节　育成期的饲养管理

育成鸭一般是指5～25周龄的青年鸭，其饲养管理的关键是在育成期能否控制好体重和光照时间，以控制种鸭的体重和开产日龄。肉用父母代种鸭的育成目标，是保持鸭群的实际体重沿标准体重生长曲线生长，上下浮动

2%，母鸭群具有健康良好的体型和整齐度。育成鸭饲养管理的好坏，直接影响鸭只以后生产性能的发挥。因此，必须加强育成鸭的饲养管理，以获得健壮、优质的青年鸭。

一、育成鸭的生理特点

1. 羽毛生长迅速 育成鸭阶段是羽毛快速生长的时期，如樱桃谷鸭种鸭，伴随着肌肉和骨骼生长的同时羽毛也快速生长。24 天左右黄色的绒毛即换成白色的羽毛；32 天左右开始长两翅主翼；6 周龄时胸腹部羽毛长齐；60 天左右全身羽毛全部长齐，两翅主翼已交翅；70 天左右进行第二次换羽，两翅主翼与尾翼不换；120 天左右进行第三次换羽，两翅主翼与尾翼不换。同时应注意在羽毛特别是翅部的羽轴刚刚长出时，稍一挤碰，鸭就疼痛难受。这样的鸭只很敏感，怕相互撞击，喜欢疏散。如群中有几只鸭碰挤而急忙奔逃时可能会惊群，使更多的鸭皮肤受伤出血，因此此日龄的鸭饲养时不能太拥挤。

2. 体重增长速度快 樱桃谷鸭种鸭在前 10 周时，体重增长比较快速，之后增幅减慢，到 22 周时达到目标体重。

3. 适应性强 随着日龄的增长，青年鸭的体温调节能力增强，对外界气温的适应能力也逐渐随之加强。同时，由于羽毛的着生，鸭的御寒能力也逐步加强。

二、雏鸭期过渡到育成期的要求

从雏鸭舍转到育成鸭舍时，饲养管理方法应该逐渐改变，不要使转群前后的饲养管理和环境出现太大变化，主要是舍内温度和饲料营养水平的差异不要太大。初转入育成舍时，可采用地面铺垫草、生火、挂草帘等保温措施，然后逐渐降温，直至与外界自然温度一致为止。从雏鸭料改为育成料时，也

应采取过渡的办法，如 22～30 日龄时在育雏饲料中加入少量育成饲料，并且添加的比例越来越大，以后全部改为育成料。

三、限制饲喂

限制饲喂的目的在于控制体重，使鸭具有适合产蛋的体重，做到适时的性成熟和体成熟，避免初产期产蛋过小和后期产蛋过大，防止因采食过多而导致体重过肥，减少死亡、淘汰数，提高种鸭的生产力（产蛋率和受精率），延长种鸭的有效利用期，节省饲料。

（一）饲喂量的确定

28 日龄早上空腹饲喂前，每一栏公、母鸭各称重 10%，计算平均体重，以后每周定期、定时称重 1 次，直至开产为止。称重要求在喂前 4 小时空腹时进行，称重时随机抽样。每次称重后，将公、母鸭体重的平均数与所制定的各阶段标准体重进行比较，来确定下周的喂料量。如果实际体重与标准体重差异较大，就要调整饲喂次数和料量；若低于标准体重，则日增加饲料 10 克/只或 5 克/只；若高于标准体重，则日减少饲料 5 克/只；若增加（或减少）饲料还没有达到标准，则再增加 5～10 克（或减少 5 克）。当达到标准体重时，则按正常喂料量添加，确保公、母鸭接近标准体重。从 5 周龄开始完全改喂育成期日粮，每日每只种鸭的给饲量为：4～6 周龄，120～140 克；7～11 周龄，130～150 克；12～20 周龄，140～165 克；21～24 周龄，150～170 克；25 周龄至产蛋，160～180 克。

（二）限制饲养期的注意事项

（1）限饲前应挑出体重过小的病鸭。

（2）保证鸭只有足够的采食、饮水位置。在育成期，料槽长度以 13～15 厘米为宜，水槽长度以 3.5～5 厘米为宜。

（3）控制鸭群适宜的饲养密度。当鸭群在垫料（稻壳）上育成饲养时，每只鸭至少应有 0.35 米² 的活动空间，鸭舍分隔成栏，每栏以 200～250 只为宜。

（4）确保运动场和鸭舍无尖锐异物，确保垫料干燥、无霉变，以免鸭误食后引起死亡。

（5）从第 4 周开始，每周末随机抽样鸭群的 10% 进行称重，计算其平均体重和整齐度及变异系数，根据体重大小来确定下周的饲喂量，并及时调整分群，缩小群体间的个体差异。

（6）每周加料幅度不宜过大，一般以每次增加料量 2～4 克为宜，使鸭群逐渐达到预期体重，以保持每周稳定的增长速度。

（7）每天喂料量和每天鸭群只数一定要准确。将称量准确的饲料在早上一次性快速投入料槽，尽可能地使鸭群在同一时间吃到饲料，且保证吃料均匀。

四、光照控制

实施科学的光照制度，能控制鸭的性成熟，使其性成熟和体成熟的发育保持一致，适时开产。夏至过后留种的雏鸭，生长期处在自然光照时间由长变短的时间，而开产后又处在由短变长的时期，在此期间利用自然光照能较理想地控制种鸭性成熟的时间。上半年留种的雏鸭，生长期处在光照由短变长的时期，特别是 5—7 月自然光照时间超过了育成期种鸭的需要，容易导致种鸭提前开产。在这种情况下更应该加强喂料量的限制，否则会导致鸭提前开产。

光照程序应根据种鸭的不同阶段分别制定。育雏期，为了确保种鸭雏生长均匀一致，0～7 日龄每天提供 24 小时光照，应防止突然停电引起的惊群现象；第 2 周光照时间由 24 小时逐渐过渡到利用自然光照；14 日龄到育雏结束均利用自然光照。育成期只利用自然光照，24～26 周龄种鸭处于临近开产期，在 110～140 天将光照时间增加到 17 小时（自然光照＋人工光照）。光照增加时应该均匀增加，光照增加的时数应分别在早上和晚上。140 天至产蛋结束每天采用 17 小时的光照时间，开关灯时间要固定，不能随意变更。

五、腿病控制

育成鸭的腿病主要是创伤引起的葡萄球菌（产蛋期表现）关节炎，多发于 3 周龄左右，并延续到 16 周龄以上，严重时特别是后备公鸭的死淘率大大增加，也是公鸭的主要疾病之一。控制方法有：①加强饲养管理，减少应激，清除一切可能发生的外伤因素，如板条饮水区域的安装、出鸭口是否平整等。②加强垫料管理，特别是对运动场上的河沙垫料，应进行仔细筛选，剔除尖锐石块及异物，防止垫料过湿板结。③严格板条和棚架管理，要求保持干燥，无钉尖、毛刺、裂缝等。④随时修整出鸭口，防止早晨放鸭时损伤腿关节。⑤进行疫苗注射，严格消毒注射器接种针。⑥严格执行生物安全体系。⑦选择合适的高效药物预防和治疗，严格执行药物预防程序。

六、公母分饲

在育成期，公母分饲能够准确控制种鸭的生长体重，但在公鸭群中必须放养少量的母鸭（1 只母鸭、5 只公鸭）。目的是为了促使公鸭的性成熟发育时间同母鸭的协调一致，有利于提高鸭群的受精率。

在育成期，及时淘汰所有鉴别错误、跛足和有生理缺陷的公鸭，加强对育成公鸭的管理，对于公鸭栏内的少量母鸭不需称重也不进行体重控制。

120 天时将公鸭和母鸭混合一起，混合比例为 1∶5，将公鸭栏内的少量

（盖印母鸭）母鸭平均分配到每一栏中。在混群时，要对公鸭逐一挑选，将具有种用价值、性成熟发育良好的公鸭作为种鸭，淘汰掉发育不完全的后备种鸭，这对提高种鸭的受精率有重要意义。

七、育成期饲养管理要点

1. 投喂预防性药物 40 天以后每隔 15 天交叉投喂一次预防性药物，无特殊情况下尽量少用抗生素。另外，每半个月喂一次百毒杀水（用量必须按比例配制）。

2. 饲料逐渐过渡 1～40 日龄使用小鸭料，41 日龄及以后开始逐步过渡到中鸭料。

3. 隔日控料 60～100 日龄进行隔日控料，即体重正常时喂 130 克/（只·天）。体重若不达标或者超重，则加料或减料，即每只 2 天的用料量（260 克）作一天饲喂，第 2 天停料，但保证饮水。其优点是：节省劳动力；鸭群均匀度好；可减少鸭的死淘数。

4. 驱虫 120 天喂驱虫药的同时清点好公、母鸭的数量，以便按 1∶5 的比例合群，驱虫药早上一次性投喂。

5. 光照 128～135 日龄，加光并设强弱两组线，冬天内栏的灯光加到 1.5 瓦/米^2，夏天加到 1.2 瓦/m^2，灯高离地面 1.8～2 米（注：全部用 40 瓦的灯泡，但也可以交叉使用 25 瓦和 40 瓦的灯泡，分两排，成"品"字形分布）。根据天气变化确保每天光照时间达 17 小时。

八、产蛋前的准备

1. 转入种鸭产蛋舍 后备鸭应在开产前 20～30 天转入种鸭产蛋舍，让其熟悉和适应周围环境，否则将影响产蛋。若公、母鸭分开饲养，则于 12～15

周龄按公、母比为 1∶5 混群。

2. 设置产蛋窝 产蛋窝应设在舍内墙围下，每个蛋窝面积为 40 厘米×40 厘米，每 4～5 只鸭备 1 个产蛋窝。产蛋窝要安装在低光照区，保证产蛋箱内黑暗，而且箱盖要半开。

3. 增加光照时间 从 18 周龄起逐渐增加每天的光照时间，并且在早上和晚上执行，以使 26 周龄种鸭在 4∶00～21∶00 接受光照，即每日 17 小时。光照程序即 21～22 周龄，天黑开灯，18∶00 关灯；23 周龄，天黑开灯，19∶00 关灯；24～25 周龄，5∶00 时开灯、天亮关灯，以及天黑开灯、20∶00 关灯；26 周龄，4∶00 开灯、天亮关灯，天黑开灯、21∶00 关灯。

4. 更换饲料 产蛋前 2 周即在 24 周龄时，将育成期日粮改为产蛋日粮，同时增加 10% 的饲料喂量。假如 23 周龄每只给饲料 140 克，那么 24 周龄时增加到 154 克。产第 1 枚蛋时，饲喂量在此基础上增加 15%，使每只鸭每日喂料量增加到 177 克。

5. 做好免疫、驱虫工作 提前做好疫苗注射工作，避免开产后注射，影响产蛋率。如有寄生虫时，应同时进行驱虫、灭虱工作。

第三节　产蛋期的饲养管理

在饲养管理良好的情况下，肉用种鸭一般 150 天开产，165 天产蛋率达到 5%，并且每天按 1%～2% 增加，180 天产蛋率达到 30%，以后每天按 3%～5% 增加，210 天产蛋率达到 90% 或以上，进入产蛋高峰期。此时饲养管理的目的是根据蛋鸭的生理特点，提供适宜的饲养管理条件和营养水平，以获得较高的产蛋率。

一、肉用种鸭产蛋期的特点

1. 生活有规律　正常情况下，鸭在 1：00～2：00 夜深人静时产蛋。如此时突然停电，则会引起骚乱，出现惊群。在管理制度上，何时放鸭，何时喂料，鸭何时休息都要有规律。改变喂料时间与次数，大幅度调整饲料品种，都会引起鸭群生理功能紊乱，造成停产减产。

2. 新陈代谢旺盛，高峰产蛋率维持时间长　种鸭 30 周龄时产蛋率即可达到高峰，到 400 天时产蛋率才有所下降，但淘汰时仍可保持 75％的产蛋率。产蛋鸭代谢旺盛，消化速度快，采食最勤。早晨醒得早，出舍快，且四处找食吃，此时营养不足可能导致产蛋率下降、蛋重减轻、蛋壳质量变差、体重下降等。因此，产蛋鸭对饲料的要求高，需要高营养水平的饲料。

3. 胆大，喜欢离群　开产以后的鸭，性情变得温驯，进舍后独自卧伏，安静地休息，不乱叫、不乱跑，喜欢单独行动。胆大，不但不怕人，反而喜欢接近人。

二、产蛋期对饲养环境的要求

1. 温湿度　产蛋期间要保证舍内温度相对稳定，冬天不低于 0℃，夏天不高于 25℃（否则就要通风降温）。湿度则不作特殊要求，但舍内地面的垫料要保持干燥。

2. 光照　产蛋期舍内的光照时间要达到 16～17 小时，光照强度以 14～20 勒克斯/米^2 为宜。光照时间和光照强度要固定，不要轻易改变，否则会严重影响产蛋。灯固定在铁管上，距离地面 1.8～2 米，以防风吹动而惊群。灯的分布要均匀，并经常擦拭。

3. 通风换气　在保证舍内温度的情况下，尽量通风，以排出舍内有害气体和水分。

4. 密度　种鸭的饲养密度一般为 2～3 只/米²。如果有户外运动场，则舍内的饲养密度可以加大到 3.5～4 只/米²。户外运动场的面积一般为舍内面积的 2～2.5 倍。鸭群的规模也不宜过大，一般每群以 240 只为宜，其中公鸭 40 只、母鸭 200 只。

三、产蛋鸭的营养需求

鸭进入产蛋期以后，对营养物质的需求比以前的任何一个阶段都高。饲料的代谢能控制在 10.88～11.30 兆焦/千克，可满足维持体重和产蛋的需要。但日粮蛋白质水平应分阶段进行控制。产蛋初期（产蛋率 50％前）日粮蛋白质水平一般为 19.5％即可满足产蛋需要；进入产蛋高峰期（产蛋率 50％以上至淘汰）时，日粮蛋白质水平应增加到 20％～21％；同时，应注意日粮中钙、磷的含量及其之间的比例。

1. 产蛋初期　种鸭产蛋初期饲料喂量的增加应遵守循序渐进的原则。一般母鸭在 22 周龄开始产蛋，产蛋后应根据体重情况，按每只鸭每周 5～10 克的幅度增加供料量，以促使鸭群尽早达到 5％的产蛋率。

2. 产蛋上升期　在产蛋上升期喂料量应迅速增加，以诱导鸭群尽早达到产蛋高峰期。在产蛋高峰到来的前 2～3 周使喂料量达到最大值，推迟增加喂料量会使产蛋量损失 2％～3％。此时可采取试探性加料法，每只鸭增加 5％～10％的饲料，连喂 4 天后观察产蛋率的变化。若产蛋率提高，则按增加的饲料量继续饲喂；若产蛋率没有变化，则要立即恢复原来的喂料量。

3. 产蛋高峰期　在生产实践中，为使产蛋高峰期如期到来，产蛋前期的最大喂料量一般要比本品种鸭在产蛋高峰期所需喂量高 10％～15％。肉用种鸭在产蛋高峰期平均每只日耗料 220～250 克。在整个产蛋高峰期一般不要减少饲料喂量，始终保持最高水平。但在产蛋高峰到达后必须减去高出的 10%～15% 喂料量，否则易造成种鸭过肥，尤其是公鸭会出现爬跨困难或不愿爬跨，母鸭也会因过肥而导致产蛋率下降。

4. 产蛋高峰后期 产蛋高峰后期要结合产蛋周龄、产蛋率、蛋重等，在产蛋率不再上升后的 2 周着手减料，一般是从 31 周龄开始，减料的幅度可大一些。每只鸭平均耗料减少 10～15 克。通过 2 周的减料，待种鸭的喂料量稳定在所需最大喂料量后恒料饲喂。这样 90% 产蛋率可持续 2～3 个月。

5. 产蛋后期 肉用鸭在 48 周龄以后，产蛋率开始以每周 1%～2% 的速度下降，此时母鸭已完全达到体成熟，而且蛋重保持相对稳定，对营养的需求开始减少。若此时不减少喂料量，势必造成脂肪沉积，导致体重增加、过肥，后期产蛋量急剧下降，并造成饲料浪费。因此，从 48 周龄开始应随着产蛋率的下降而逐渐减料。

四、不同产蛋期的管理要点

（一）产蛋初期和前期

1. 饲料饲养 在产蛋率达到 5% 时，应将产蛋料换为让鸭自由采食，并注意加喂夜餐。喂料时，一定要同时放水槽，并及时清理水槽中的残渣，让鸭吃好、喝好、休息好，同时保证饮水的清洁。

根据产蛋率上升的趋势，喂营养水平高的饲料。当产蛋率达到 5%～10% 时，喂一次预防输卵管炎的药物；当产蛋率达到 50% 时，喂 5～7 天的营养物质；当产蛋率达 80% 时，再喂 5～7 天的营养物质，同时每隔 10 天喂 3～5 天的多维。每 3 天内外栏消毒 1 次。消毒药水要交换使用，每 2 个月换一种消毒药。产蛋鸭舍禁止使用刺激性大的消毒水消毒。

2. 细心管理

（1）采食量观察　对鸭只的每日采食量要做到心中有数，一般产蛋鸭每日喂配合饲料：夏季在 200 克左右，冬季在 220～250 克。如采食量减少，则应分析原因并采取措施。如果连续 3 天采食量下降，就会影响产蛋量。

（2）粪便观察　早上拣蛋时要注意观察鸭舍内产蛋窝的分布情况，对鸭每天的产蛋量和蛋重要做到心中有数。

（3）种蛋质量观察　产蛋初期和前期，蛋重处在不断增加中。蛋重增加快说明母鸭饲养管理好，增重慢或下降说明饲养管理有问题。正常的蛋是卵圆形，蛋壳光滑、厚实。若有沙壳蛋、软壳蛋，则应怀疑日粮中是否为钙质不足或维生素 D 缺乏，应添喂骨粉、贝壳粉和维生素 D。

（4）羽毛观察　羽毛光滑、紧密、贴身，说明饲料质量好；如若羽毛松乱，说明饲料品质差，应提高饲料质量。

（5）精神观察　健康、高产的蛋鸭精神活泼，行动灵活。如有水上运动场，则健康的鸭下水后潜水时间长，上岸后羽毛光滑而不湿。鸭怕下水，不愿洗浴，下水后羽毛湿甚至下沉，上岸后双翅下垂，行动无力，均是产蛋下降的先兆，应立即采取措施。

3. 保持饲养管理和环境的稳定

（1）光照稳定　光照时间稳定后，不要随意改变开灯和关灯时间，也不要突然关灯或缩短光照时间，以免引起惊群和母鸭产畸形蛋。另外，应配备发电机以防停电。

（2）饲料稳定　饲料的品种不可频繁变动，不给蛋鸭饲喂霉变、劣质的饲料。

（3）操作规程和饲养环境尽量保持稳定　养鸭人员要固定，不宜经常更换。舍内环境要保持安静，尽量避免异常响声，不许外人随意进出鸭舍。另外，要特别注意气候剧变所带来的影响，因此要留心天气预报，及时做好准备工作。每天要确保鸭舍干燥，地面铺垫稻草或稻壳。

本阶段饲养管理是否正常，可从以下 3 个方面观察：

（1）看蛋重增加趋势　增重速度快，说明鸭养得好；增重速度慢，则鸭养得不好、管理不当，要找出原因。

（2）看产蛋率上升的趋势　产蛋率如高低波动，甚至出现下降，则要从管理上找原因。

（3）观察体重变化　要每月抽样称重一次，若体重维持原状，则说明饲养管理恰当。如果体重有较大幅度的增加或下降，则都说明饲养管理有问题。

（二）产蛋中期

这个阶段，产蛋鸭已进入产蛋高峰。经过 100 多天的连续产蛋后，体能消耗大，免疫力下降，健康状况大不如产蛋初期和前期。若饲养管理不当，产蛋量就会急剧下降，甚至换毛。这是比较难管理的阶段。如果是秋鸭遇上梅雨季节和炎热的夏天，则饲养的难度更大。本阶段管理的重点是保高产，力求使产蛋高峰维持到 400 天。营养上保证满足高产的需要，饲料的营养成分应比上阶段略有提高。适当增加钙的喂量，可以在饲料中添加 1%～2% 的颗粒状贝壳粉或用盆装好放在栏边和棚下让鸭子自由采食。

本阶段的饲养是否得当，主要是看产蛋量是否维持在高峰期。此阶段蛋重比较稳定，稍有增加趋势，体重也应维持初产时的水平。在日常工作中，还要细心观察以下几个方面。

1. 粪便　产蛋鸭相对疲劳，极易感染疫病，特别是在生活习性被突然改变或是水质差环境卫生条件差时，更易产生肠道疾病。

2. 蛋重　若蛋重明显下降，则说明采食量不足或营养缺乏。如鸭无疾病，则此时需加些营养。

3. 产蛋时间　正常产蛋时间为 2：00。若鸭每天推迟产蛋时间，甚至在白天产蛋，产蛋不正常，则是不祥之兆。如不采取措施，母鸭可能减产和停产。

4. 蛋壳质量　如蛋壳光滑、厚实，有光泽，则其质量好。如蛋变长，蛋壳薄而透亮，有沙点，甚至出现软壳蛋，则说明饲料质量不好，应补充钙质或维生素 D，否则母鸭要减产。

5. 精神状况　鸭精神不振，行动无力，放栏后不敢下水，下水后羽毛被沾湿，甚至下沉，都说明鸭群营养不足，必将减产或停产。此时，需额外添加适量维生素及适量动物性蛋白质饲料，以保证产蛋率的稳定。

另外，产蛋中期还要注意淘汰低产鸭，以减少饲料浪费。低产鸭往往体重大，肛门小，耻骨间距离小。腹部过渡下垂和发生卵黄性腹膜炎的鸭也应被及时淘汰。对不易决定是否被淘汰的鸭要挑出来放在一边单独饲养，观察几天再决定是否将其淘汰。

(三) 产蛋后期

经过 8 个月的连续产蛋后，产蛋高峰就难以保持了。但对于高产品种，如饲养管理得当，仍可保持高的产蛋率：450 天之前在 85％以上，480 天时在 80％以上，以后产蛋率也可维持在 75％以上。要达到这样的水平，一定要做好产蛋后期的饲养管理工作。如稍有不慎，产蛋量就会减少并换羽，以后很难再将产蛋率提上去。饲养管理应注意以下几点。

（1）根据体重和产蛋率确定饲料喂量，而不能盲目地增加喂量，以免鸭体过肥，造成停产。如体重减轻，说明营养不足，应该补充营养，提高营养水平。

（2）光照时间不变，若产蛋率降至70%时应适当增加光照时间直至淘汰为止。

（3）多放少关，促进运动，每天在舍内赶鸭2～3次（每天放鸭出栏舍前，轻赶鸭子，让其在栏舍内做转圈运动），每次5～10分钟。

（4）鸭经过一段时间的产蛋后，可能部分鸭换羽不产蛋。这时应将产蛋鸭和不产蛋鸭分开，淘汰不产蛋鸭或进行强制换羽后再利用，淘汰没有饲养价值的过小鸭、残疾鸭等；对发育良好、健康的鸭可以进行强制换羽，待开产后再放入大群集中管理。产蛋鸭一般羽毛整齐，无光泽或膀尖有锈色，颈羽收紧，脖细；臀部下垂，接近地面；行动迟缓，不怕人；耻骨间距大，3指以上。而不产蛋鸭羽毛松散，不整齐，有光泽；颈羽松，脖粗；臀部不下垂；行动灵活，怕人；耻骨间距小，3指以下。

（5）注意天气变化，及时做好准备工作，保持鸭场小环境的相对稳定，避免气候变化引起的应激。此时任何光、电、雷的突然刺激，都会造成严重后果。

（6）观察蛋壳质量和蛋重的变化，如出现蛋壳质量下降、蛋重减轻时，可增补鱼肝油和无机盐添加剂。

（四）种蛋收集与管理

刚开产的青年鸭一般在0：00左右产蛋。随着产蛋日龄的延长，产蛋时间往后推迟，在冬季稍迟。夏季气温高，冬季气温低，及时拣蛋可避免种蛋受热或受冻，可提高种蛋品质。每天至少拣3次蛋，日照后1小时开始拣第1次，1～5小时后进行第2次，第3次在下午可再拣1次。要及时将产蛋箱外的蛋收走，不要长时间留在箱外。要保持蛋壳清洁，蛋壳脏污的蛋不得与清洁蛋混集在一起，而应单拣单放，待干燥后用干刷刷净。切勿水洗，这可减少在孵化过程中的爆炸现象。炎热季节种蛋必须当天入库，但要放凉后再入库。凡不合格的种蛋，饲养员应将其分开，并及时处理，不得入库。

五、不同季节的管理要点

（一）春季管理要点

这时候气候由冷转暖，日照时数逐日增加，对母鸭产蛋很有利。因此，要充分利用这一有利因素，创造稳产、高产的环境。首先要加足饲料，另外要注意保温，同时保持鸭舍内干燥、通风；做好清洁卫生工作，并定期进行消毒。如遇阴雨天，要适当改变操作规程，缩短放鸭时间，同时舍内垫料不用太厚。

（二）梅雨季节管理要点

春末夏初，南方各省份大都在 5 月末和 6 月初进入梅雨季节，温度高，湿度大。此时是种鸭饲养的困难期，稍有不慎就会出现停产、换羽现象。梅雨季节的管理重点是保持通风，排出鸭舍内的污浊空气；高温高湿时，尤要防止氨气中毒；勤换垫料，保持舍内干燥；疏通排水沟，运动场不可积有污水；严防饲料发霉变质，每次进料不要太多，饲料要保存在干燥处，运输途中要防止被雨淋。

（三）夏季管理要点

6 月底至 8 月是一年中最热的时期，此时管理不好，不但产蛋率下降，而且死淘鸭增多。如精心饲养，产蛋率仍可保持高峰值。由于鸭没有汗腺再加上有羽毛覆盖，因此鸭体的散热会受到很大限制。盛夏季节鸭体温上升，在未做好防暑降温的情况下，鸭常发生急性热应激甚至昏厥的现象。因此盛夏管理的重点是防暑降温，措施有：运动场上可搭建遮阴网；早放鸭，晚关鸭，增加中午休息时间和下水次数；傍晚不要赶鸭入舍，夜间让鸭露天乘凉，但运动场上需有电灯照明；饮水不能中断，而且要保持干净、清洁，最好饮凉井水；多喂精饲料，并提高蛋白质含量；饲料要新鲜，防止腐败变酸；适当疏散鸭群，缩小饲养密度；防止被雷阵雨侵袭，雷雨前要赶鸭入舍；鸭舍及运动场要勤打扫，料盆要在每次加料前清洗干净，同时保持地面干燥。

（四）秋季管理要点

9—10月是冷暖交替的时候，气候多变。如果饲养的是上一年的秋鸭，经过半年的产蛋，其身体疲劳，稍有不慎就有换羽的可能。此时要补充人工光照，使每日光照时间不少于17小时，光照强度按每平方米20勒克斯计算。适当增加营养，补充动物性蛋白质饲料，并适当补充矿物质饲料。操作规程和饲养环境要尽量保持稳定。

（五）冬季管理要点

11月底至翌年2月上旬是最冷的季节，也是日光照数最少的时期，产蛋条件差，产蛋率低。此季节的管理重点是防寒和保持一定的光照时数。

1. 控制室内温度 越冬时种鸭的防寒保暖至关重要，夜间保持棚内温度在0℃以上，才能确保高产蛋率。因此，须围严鸭舍，鸭舍背阳面要用稻草或麦秸编成的草毯围实，外面再用一层塑料薄膜盖住。在鸭舍内墙四周产蛋区，铺垫30厘米厚干净、柔软的稻草或稻壳。早晨拣蛋后，可将窝内旧草散铺在内栏内，每晚鸭进舍前再添加新的垫料做产蛋窝，使垫草逐渐积累。每隔数

日出草一次。

2. 保证营养供给 鸭越冬期既要御寒又要产蛋，能量消耗很大，因此需要多补充营养，特别是要提高饲料中的能量水平。

第四节　种公鸭的饲养管理

种公鸭虽然不下蛋，但是它对蛋的影响却很大，如种蛋受精率的高低、子代肉鸭的体型大小和生长发育的快慢都与种公鸭有直接关系。因此，养好种公鸭意义重大。

一、种公鸭的限饲

现在的种鸭已全部是大型父母代，为了确保全期种蛋都有较高的受精率，公鸭需严格按以下方法饲养：120 日龄前，公、母鸭分开饲养，但公鸭栏中公、母鸭须按 5∶1 的比例放入盖印的母鸭。种公鸭从育成期开始，直至公、母鸭混群以后的配种初期，都要控制喂料量，使公鸭的体重控制在标准范围之内，不会因肥胖而影响配种。经过换羽进入第二个产蛋期，同样也要进行控制饲养。公鸭饲养面积应达 1.2 米²/只，一定要保持宽松，并且运动场不能积水。对育成鸭每天要赶鸭做逆时针转圈运动 2～3 次，每次赶 2～3 圈即可。对体重偏轻的小公鸭及时补料，以减少淘汰率。

二、种公鸭的选择

种公鸭的选留必须按其品种标准，在育雏期、育成期和种母鸭开产前的三个阶段分别进行。达到 120 日龄时，将公鸭平均分配到各个母鸭栏。选择时，要观察公鸭的羽毛及外部特征是否符合标准，体重和生长发育是否达到平均水平以上，雄性特征是否明显。应选择体质强壮、活泼健康、性器官发育良好的公鸭作为种公鸭，以保证其精液品质优良。不符合这些条件的不能作为后备种公鸭。

三、安排适宜的公母配比

公、母鸭刚混群时配种比例为 1∶5。若公鸭数量过少，可能导致交配不均衡，影响受精率；若公鸭数量过多则会引起争配，降低受精率。应淘汰阴茎畸形或发育不良、阴茎过短（大型肉用种鸭正常阴茎长 9～10 毫米）的公鸭。对性成熟的种鸭还可以进行精液品质鉴定，不合格的给予淘汰。到 270天左右时，公、母配比可以加大，如按 1∶6 或 1∶7 的配种比例执行。后期则根据公鸭质量状况和受精率来调整公、母配比。

四、加强种公鸭的营养与保健

在生产实践中，公鸭经常出现的问题是体重过大，腿部受伤致残（如筋腱、腿肌、趾掌等部位受伤），这些都会影响公鸭配种。解决办法是：除在育成期的饲料上加以控制外，还应对饲养方式加以改进，公鸭要全部采用平地饲养。

五、加强种公鸭的日常管理工作

为种公鸭提供清洁、干燥、安静的环境，多驱赶其运动，使其体质更加健壮。公鸭在早晚的交配次数最多，因此应早放鸭、迟关鸭，增加公鸭在舍外的活动时间、延长下水时间。

第五节 影响产蛋的主要因素

一、品种因素

产蛋率的高低、产蛋周期的长短及蛋重的大小，都与品种有密切关系，优质品种是取得高产的前提。如能选择一个好的品种饲养，产蛋量甚至可以成倍提高。

二、营养因素

进入产蛋期后，种鸭对营养物质的要求量比以前的任何一个阶段都高。除用于维持生命活动必需的营养物质外，还需要大量用于产蛋所必需的养物质。能量的需求，主要决定于体重的大小。体重大，耗用的维持能量多；体重小，耗用的维持能量就少。另外，产蛋率高、蛋重大的个体，需要的能量多；产蛋率低、蛋重小的个体，需要的能量就相对少些。一般来说，种鸭对能量的摄入有保持比较恒定水平的功能。当日粮中能量较高时采食量会减少，当日粮中能量降低时采食量就会增加。但这种保持恒定能量的摄食能力不是绝对的，在环境温度变化很大或日粮中能量水平调整过大时，机体并不能完全适应，有时会出现能量过多或能量不足的现象。在采用固定饲料配方的过程中，由于种鸭根据机体能量需要调节采食量，常常因采食量的多少而影响蛋白质和其他营养物质的摄入量。因此，能量水平是否适当，还要考虑能量、蛋白质及其他营养物质是否保持适当比例。

蛋白质的需要主要决定于体重、产蛋率、蛋重，以及对蛋白质的消化率和利用率。体重大、产蛋率高、蛋重大的产蛋鸭，其所需要的蛋白质就多，反之就少。

三、环境因素

环境因素较复杂，对产蛋影响最大的两个环境因素是光照和温度。

1. 光照 合理的光照制度，能使育成鸭适时开产，使产蛋鸭提高产量；不合理的光照制度，会使育成鸭的性成熟提前或推迟，使产蛋鸭减产、停产，甚至造成换羽，给生产带来损失。

合理的光照制度要与日粮的营养水平结合起来实施。进入产蛋期前后，如果只改变日粮配方，提高营养水平和增加饲喂量，而不相应增加光照时间，则鸭的生殖系统发育慢，易使鸭体积聚脂肪，影响产蛋率；反之，只增加光照时间，不改变日粮配方，不提高营养水平和增加喂料量，则会造成生殖系统与整个体躯发育不协调，也会影响产蛋率。因此，两者要结合进行，在改变日粮营养水平的前一周即可增加光照时间。

2. 温度 为了充分发挥优良种鸭的高产性能，除营养、光照等因素外，还要创造适宜的环境因素。鸭是恒温动物，虽然对外界环境温度的变化有一定的适应能力，但超过一定的限度就会影响产蛋量、蛋重、蛋壳厚度和饲料转化率，也会影响受精率和孵化率。鸭没有汗腺可以散热，当环境温度超过30℃时，体散热速度慢。受高温影响，采食量减少，正常生理机能受到干扰，产蛋率下降，蛋重减轻，蛋白变稀，严重时会引起中暑。如环境温度过低，鸭为了维持体温，势必浪费很多饲料，使饲料转化率明显下降。成年鸭适宜的环境温度范围是 5～27℃。产蛋鸭最适宜的温度是 13～20℃，此时产蛋率和饲料转化率都处在最佳状态。因此要尽可能创造条件，给鸭提供理想的产蛋环境温度，以获取最高的产蛋率。

四、健康因素

建立完善的卫生消毒制度，鸭舍、运动场要经常清扫、消毒；垫过的稻草要焚烧，不可晒后重复使用；清出的粪便和污物需堆积发酵；若有人工水池则要勤换水，定期用生石灰消毒，保持水体透明度 25～40 厘米；做好疾病防疫工作，如免疫接种和药物预防等。

第六节　肉用种鸭的使用年限及强制换羽

一、控制种鸭的利用年限

种鸭的生产年限一般可达 4～5 年。母鸭开产后第 1 年产蛋量最高，2 年以上的母鸭产蛋率下降，3 年以上的老母鸭产蛋量则更低。母鸭年龄越大，产蛋量越低，受精率也随之下降。因此，种鸭以利用一个产蛋年最为经济，即养到 17～18 个月龄后淘汰最为合算。这样鸭群产蛋整齐，受精率高，好控制，便于生产计划的执行。

二、实施人工强制换羽

种鸭自然换羽需 3～4 个月，而且参差不齐，换羽期内产蛋量少，种蛋品质下降。实行人工强制换羽，换羽时间只需要 2 个月左右。换羽后产蛋整齐，种蛋品质提高，能提高鸭的耐粗、抗寒能力，降低饲养成本。换羽的时机要从实际生产需要和鸭群的产蛋情况两方面来考虑。一般在后备种鸭鸭源不足和现有鸭群产蛋率较低（65%～70%）时，才考虑强制换羽。

种鸭的人工强制换羽是突然改变鸭的生活条件和习性，给其造成应激，促使其羽毛脱落，然后人工拔去主翼羽的过程，使羽毛生长整齐。

换羽过程：第1～3天断料、停水，采用自然光照；池中不加水，主要是因为尾脂腺不分泌油脂，羽毛上无油，被水浸透后不易干，鸭易感冒。第2天鸭不排粪后，公、母分别按10%抽测空腹体重。第4～14天，断料、供水，采用自然光照。第15～20天，按10%公母分别抽测体重，并计算失重是否达到28%～30%，如达到则供料，每天增加1小时光照时间，全天供水，否则延缓加料。可试拔羽毛，如毛根干枯，不带血、肉，则加料；反之，则延缓加料。拔羽必须在羽根干枯、已经脱壳、易脱而不出血时开始，拔羽过早或过晚都会影响鸭的体重和新羽的生长。拔羽要在晴天的上午进行，集中劳力将所有未脱落的翼羽和主尾羽沿该羽毛尖端方向，瞬时用力逐一拔除。拔羽完毕，第1天可让鸭只下水，随即对鸭群进行恢复饲养，每只种鸭喂50克育成料，第2天喂75克饲料，以后每天增加5克饲料至150克并保持，到见蛋时换成预产料。当产蛋率达到5%时开始换成产蛋料并加料，每天增加5～10克直到自由采食。同时，每天增加1小时光照时间，直至每天17小时光照，以后保持此光照时间。

实行人工拔羽时，必须掌握好时间。限制给料和供水后，会因营养缺乏而导致鸭喙、趾、蹼等处褪色，接近苍白色，提示再过一两天即可拔羽。当在舍内饲养的种鸭停止喂料后，其体内所积储的脂肪、蛋白质等营养物质被分解，以供维持生命活动，因此消瘦，两翅上的肌肉也随之收缩，此时就可以拔羽。同时，还应注意观察羽管根部的脱壳情况。鸭的两翅肌肉收缩后，翼羽的羽根部会出现浅色的管根痕迹，有的羽管根还出现干涸或收缩状态。如观察到这些状态时就勉强拔羽，则会损伤种鸭身体，拔羽操作也比较困难，而且以后新羽的生长速度也迟缓。

在强制换羽后期，要加强饲养管理。喂料量要由少到多，逐步过渡到正常。拔羽后第 2 天开始洗浴，一般在拔羽后 30～40 天鸭开始产蛋。如果饲养得好，鸭可以再产 10 个月左右的蛋。

强制换羽前首先对鸭群进行个体检查，及早淘汰病鸭、瘦鸭、弱鸭，以免在强制换羽过程中造成过多伤亡和不必要的损失。在强制换羽前一周，对未进行各种防疫注射的鸭群补注疫苗，并进行驱虫，以使其适应人工换羽造成的应激，并保持下一个产蛋年的健康。

拔羽完毕，要逐步改变饲养环境，提高饲料质量，增加饲喂量，使鸭尽快恢复体质。待小毛都脱落完后，要及时供给营养水平高的饲料，以满足种鸭所需，促进其早开产。在拔羽后的 1 周，饲料中的粗蛋白质含量应提高到 15％以上，并在这个基础上逐步增加，直至达到种鸭产蛋高峰期的标准。此外，还要适当增喂多种维生素和微量元素及钙、硫等。进入恢复期后，鸭群要增加运动，以促进新羽生长，并使其不过于肥胖，以免影响产蛋。恢复期内要多垫柔软的垫草，并保持干燥，同时要有足够的饮水；加强饲料管理，按产蛋鸭正常饲养管理方法进行。

第七章

种鸭疫病防治

在过去，鸭的传染病只有鸭瘟、禽出血性败血症、浆膜炎、副伤寒、大肠埃希氏菌病等几种。而进入 20 世纪 90 年代以来，随着生态环境恶化，不科学、不规范的养殖，引种不严格，以前的传染病继续存在，新的传染病又不断发生，中毒、寄生虫病给养鸭业造成很大的经济损失。

根据发病原因，鸭病可分为侵袭性疾病和普通疾病两类。侵袭性疾病是指由特定病原体引起的疾病，包括由细菌、病毒、真菌、支原体、衣原体、立克次体和螺旋体等引起的疾病，以及由吸血虫、线虫、绦虫、原虫等引起的寄生虫病。普通疾病是指由非特定病原体引起的疾病，包括营养代谢性疾病、中毒性疾病、遗传性疾病、应激性疾病、免疫性疾病和因饲养管理不当引起的各种器官系统性疾病等，没有传播性。

第一节　鸭病发生规律及诊断

对鸭构成威胁和造成危害的疾病涉及传染病、寄生虫病、营养代谢病和中毒性疾病，其中以传染病所占比例最多，占疾病总数的 60% 以上；所造成的损失也很大，且呈上升趋势。

一、鸭病的发生规律

（一）传染病的发生规律

1. 传染源

（1）患病鸭　患病鸭是传播疫病的重要传染源，包括明显症状的或症状不明显的鸭。在疫病的整个传染期中，按病程经过可分为潜伏期、临床症状明显期和恢复期三个病期，了解和掌握各种疾病的传染期是决定病鸭隔离期限的重要依据。

潜伏期的病鸭，对于大多数疾病一般不具备排出病原体的条件，不起传染源的作用，只有少数在潜伏期内就能排出病原体传染易感群。

临床症状明显的病鸭，尤其是在急性暴发过程中可排出毒力强的病原体的病鸭，在疾病的传播上危害性最大。但是有些非典型病例症状轻微，临床症状不明显，难以与健康鸭区别而被忽视。例如，鸭患腺病毒病时多不显示症状而成为带毒者，此时若与非免疫状态的雏鸭接触即可成为危险的传染源。

恢复期的病鸭，虽然机体的各种机能逐渐恢复，外表症状消失，但体内的病原体尚未肃清，在临床痊愈的恢复期还能排出病原体。例如，鸭患鸭瘟痊愈后，至少3个月仍可成为鸭瘟的传染源。

另外，病鸭尸体（包括禽类和其他动物共患病尸体）如果处理不当，在一定的时间内也极易散播病原体。

（2）带菌、带毒和带虫的鸭　隐性感染的带菌、带毒或带虫鸭，由于体内有病原体存在，并能不断繁殖和排出病原体，因此易传播疫病。根据带菌（毒）或带虫的性质可分为健康带菌、带毒、带虫者和康复带菌、带毒、带虫者。如健康成年鸭在感染肝炎病毒和肠道球虫后往往不发病，而成为带菌、带毒、带虫者。它们带菌、带毒或带虫的时间长短不一，健康成年鸭感染肝炎后带毒期最长为18天，成年鸭感染副伤寒并康复后带菌可达9～16个月，患住白细胞虫病的康复鸭其血液中可保留虫体达1年以上。

2. 主要传播途径

（1）卵源传播　存活于种用母鸭卵巢或输卵管内的病原体，在蛋的形成过程中即可进入蛋内。存在于消化道内的病原体，随粪便污染泄殖道，在产蛋时经泄殖道而附着在蛋壳上；或通过产蛋箱、盛蛋用具、孵化用具，以及人手的接触等将病原体带到蛋壳上。当用以上被污染的蛋作种蛋孵化时，这些病原体可穿透蛋壳进入蛋内，导致鸭胚感染，引起鸭胚死亡或孵化出弱雏、病雏，如鸭的副伤寒、病毒性肝炎等可以通过这种形式传播。

（2）孵化室传播　孵化室或种蛋等消毒不严，往往导致幼雏出雏期间被感染。通过这种传播媒介传播的鸭传染病有雏鸭肝炎、曲霉菌病、副伤寒和大肠埃希氏菌性脐炎等。

（3）空气传播　存在于鸭呼吸道和口腔中的病原体，可以随打喷嚏、咳嗽、鸣叫而以飞沫形式排入空气中，周围的易感鸭吸入后易发生感染；有的病原体随病鸭的分泌物、排泄物排出，干燥后形成尘埃散播在空气中，当空气流动较大时可传播到附近或更远的地方，再被吸入或以其他形式侵入易感鸭造成蔓延，如鸭疫里氏杆菌病、曲霉菌病和流感等可通过这种形式传播。

（4）饲料传播　患传染病的鸭其分泌物、排泄物，乃至尸体既可直接污染饲料，也可通过污染料槽、饲料加工和贮存工具、运输工具、设备用具、场地或有关工作人员而间接污染饲料，易感健康鸭通过摄取被污染的饲料而遭感染。肠道传染病均可由此种途径而传播，如鸭大肠埃希氏菌病、副伤寒等。

（5）饮水污染　鸭饮用了被病原微生物、毒物污染的水，或防治疾病时用药拌水的浓度过大，也常会引起鸭多种传染病、中毒的发生。

（6）垫料或土壤传播　患病鸭的病原体可以通过粪便等排泄物及其他分泌物排出而污染垫料或土壤，如不及时清除粪便、更换垫料和消毒禽舍、运动场，即可引起传染病的传播。

（7）设备和用具传播　养鸭场的设备用具、饲料箱、产蛋箱、蛋盘（架）、装禽箱、装蛋箱、死禽收集箱、运输工具等，尤其在几个鸭舍共用或场内外往返使用这些设备用具时，如果管理不善和消毒不严，极易造成疾病的传播。经设备和用具传播的疾病主要有霉形体病、鸭瘟、鸭浆膜炎等。

（8）媒介者传播　生物性的传播媒介，常被称为媒介者。许多动物都可以成为鸭病传播的媒介者，如蚊、蝇、蠓、蚂蚁、蚯蚓、犬、猫及鸟。人也可以成为媒介者，当人接触传染源时，手、体表、衣帽、鞋、袜都有被病原体污染的可能。他们在进入健康鸭舍前，如果不经消毒和更换衣帽鞋袜，就很容易将疾病带入。

（9）混群传播　成年鸭中，有的经过自然感染或人工接种而对某些传染病获得一定免疫力，不表现出明显症状，但它们仍然是带菌、带毒或带虫者，具有很强的传染性。假如把后备鸭群或新购入的鸭群与成年鸭群混合饲养，则往往会造成许多传染病的混合感染及暴发。

（10）交配传播　鸭的某些疾病可通过自然交配或人工授精而由公鸭传染给健康的母鸭，最后引起大批母鸭发病。

3. 易感鸭　易感鸭对某种疫病缺乏免疫力，一旦病原体侵入鸭群就能引起某种疫病的传播。例如，尚未接种鸭瘟疫苗的鸭群对鸭瘟病毒就具有易感性，当病毒侵入鸭群就可使鸭瘟在鸭群中传播。另外，鸭的易感性又取决于年龄、品种、饲养管理条件和免疫状态等。如尚未免疫的雏鸭对鸭肝炎病毒易感，饲养管理不善、环境卫生差的幼龄鸭则容易感染里氏杆菌病、曲霉菌病和球虫病等。因此，在饲养过程中，必须加强饲养管理，搞好环境卫生，提高鸭体的抗病能力，同时应选择抗病力强的鸭种。在不同时期，接种不同类型的疫苗，可以降低鸭群对疫病的易感性。

（二）寄生虫病的发生规律

寄生虫病的传播途径包括经皮肤感染、经口腔感染、接触感染。一般种类的寄生虫只限于一种感染方式，而有些种类的寄生虫则有两种或两种以上的感染方式。

鸭寄生虫病的环境流行因素包括生物因素、自然因素和社会因素。其主要包括寄生虫在外界环境中生长和发育所需要的条件，如温度、湿度、阳光、酸碱度等；寄生虫病的感染途径，以及寄生虫在宿主体内的生命期限；易感鸭群的范围和分布；各种寄生虫病的流行动态和地理分布；人们生产、生活所处的周围环境的卫生情况和鸭的饲养管理条件等。

（三）营养代谢病的发生规律

1. 群体发病 在集约化饲养条件下，特别是饲养失误或管理不当造成的营养代谢病常呈群发性，同舍或不同舍的鸭同时或先后发病，表现相同或相似的临床症状。

2. 病程缓慢 营养代谢病的发生一般要经历化学紊乱、病理改变及临床异常三个阶段。从病因作用至呈现临床症状常需数周、数月或更长时间。

3. 常以营养不良和生产性能低下为主要症状 营养代谢病常影响鸭的生长、发育、成熟等生理过程，鸭常表现为生长停滞、发育不良、消瘦、贫血、异嗜、体温低下等营养不良综合征，产蛋、产肉减少等。

4. 多种营养物质同时缺乏 在慢性消化性疾病、慢性消耗性疾病等营养性衰竭症中，饲料中缺乏的不仅是蛋白质，其他营养物质如铁、维生素等也明显不足。

5. 地方流行 土壤中有些矿物质元素的分布很不均衡。例如，我国缺硒地区分布在北纬 21°～53°和东经 97°～130°附近地区，呈一条由东北向西南走向的狭长地带，包括 16 个省、市、自治区，约占国土面积的 1/3。我国北方省份大都处在低锌地区，以华北面积最大。这些地区饲养鸭时应注意鸭群的硒缺乏症和锌缺乏症。

(四) 中毒病的发生规律

鸭群发生中毒时，往往与其采食了某种饲料、饮水或接触某种毒物有关。患鸭的主要临床症状一致。在急性中毒时，鸭在发病前食欲良好，鸭群中食欲旺盛的鸭由于摄毒量大，往往发病早、症状重、死亡快，并且出现同槽或相邻饲喂的鸭群相继发病现象。从流行病学看，虽然可以通过中毒试验而复制，但无传染性，缺乏传染病的流行规律，且大多数鸭中毒时体温不高或偏低。剖检急性中毒死亡的鸭，其胃内充满尚未消化的食物，说明临死前鸭食欲良好。死于机能性毒物中毒的鸭，实质器官往往缺乏肉眼可见的病理变化。死于慢性中毒的鸭，其肝脏、肾脏或神经出现变性或坏死。

二、疾病的诊断要点

(一) 传染性疾病的诊断要点

鸭传染性疾病的诊断必须与流行病学特点、临床症状、特征性病理变化和实验室诊断相结合。

(二) 寄生虫病的诊断要点

1. 临床症状观察 患病鸭一般表现消瘦、贫血、黄疸、水肿、营养不良、发育受阻和消化障碍等慢性消耗性疾病症状，虽不具有特异性，但可作为寄生虫病诊断的参考。

2. 流行因素调查 了解发病情况，摸清寄生虫病的传播和流行动态，可为确立诊断提供依据。

3. 尸体剖检 对病死鸭进行剖检，观察其病理变化，寻找病原体，分析致病和死亡原因，有助于正确诊断。

（三）营养代谢病的诊断要点

1. 流行病学调查 着重调查疾病的发生情况，如发病季节、病死率、主要临床表现及既往病史等；饲养管理方式，如日粮配合及组成、饲料的种类及质量、饲料添加剂的种类及数量、饲养方法及程序等；环境状况，如土壤类型、水源资料及有无环境污染等。

2. 临床检查 应全面、系统，并对所搜集到的症状，参照流行病学资料进行综合分析。根据临床表现有时可大致推断发生营养代谢病的可能原因，如鸭出现不明原因的跛行、骨骼异常，可能是发生了钙、磷代谢障碍病。

3. 治疗性诊断 为验证依据流行病学和临床检查结果建立的初步诊断或疑问诊断，可进行治疗性诊断，即补充某一种或几种可能缺乏的营养物质，观察病鸭对疾病的治疗作用和预防效果。治疗性诊断可作为营养代谢病的主要临床诊断手段和依据。

4. 病理学检查 有些营养代谢病可呈现特征性的病理学改变，如关节型痛风时关节腔内有尿酸盐结晶沉积，维生素 A 缺乏时鸭的上呼吸道和消化道黏膜角化不全等。

5. 实验室检查 主要测定患病鸭血液、羽毛、组织器官等样本中某种或某些营养物质及相关酶、代谢产物的含量，以便作为早期诊断和确诊的依据。

6. 饲料分析 对饲料中的营养成分进行分析，提供各营养成分的水平及比例等方面的资料，可作为营养代谢病，特别是营养缺乏病病因学诊断的直接依据。

（四）中毒病的诊断要点

1. 了解毒物的可能来源 对舍饲的鸭群要查清饲料种类、来源、保管与调制方法，近期饲养上的变化及鸭发病时间，用不同的饲料饲喂后鸭的发病情况，观察饲料有无发霉变质等。对放养的鸭群要了解发病前鸭群可能活动的范围。了解最近鸭群有无食入被农药或灭鼠药污染的饲料、饮水或毒饵，最近是否进行过驱虫或药浴，使用的药品剂量及浓度如何，注意鸭群采食的饲料或饮水有无被附近工矿企业污染源污染。

2. 毒物检验 可为中毒病的确诊与防治提供科学依据。

3. 防治试验 在缺乏毒物检验条件或一时得不出检验结果的情况下，可停喂可疑饲料或饮水，观察发病是否停止。同时根据可能引起中毒的毒物分别运用特效解毒药进行治疗，根据疗效来判断毒物种类。

4. 毒物试验 一般多采用大鼠或小鼠作实验动物进行毒物试验。也可选择少数日龄、体重、健康状况相近的同种鸭，投喂病鸭吃剩的饲料，观察健康鸭是否中毒。在进行这种试验时，应尽量创造与病鸭相同的饲养条件，并要充分估计个体的差异性。

第二节 鸭场疫病的综合防控

随着集约化、规模化养鸭业的日益发展，预防和控制鸭病工作越来越重要。有效防治鸭病，是养鸭场生产经营成功的一个重要保障。

一、把好引种关

预防鸭病，把好引种关是根本，选择无病原感染、抗病力强、适应本地饲养条件的优良种鸭是鸭业健康生产的基本保证，因此应从种源可靠的无病鸭场引进种蛋或雏鸭。

当从外地引进种蛋或雏鸭时，必须先了解当地疫情，在确认无传染病或寄生虫病流行后方能引进。引进后应先隔离饲养20天，待无任何异常后再混群饲养。若引入种蛋，为防止疾病垂直传播，除做好孵化消毒外，孵出的种雏鸭也要隔离观察。

二、做好隔离工作

鸭在大规模饲养时，很容易感染各种疫病，因此必须建立严格的防疫制度，切实做好清洁卫生及疾病防治工作。

1. 禁止人员来往与用具混用 应避免外人进入和参观鸭场，以防止病原微生物交叉感染，同时要做到专人、专舍、用专用工具饲养。工作时要穿工作服、鞋，接触鸭前后均要洗手消毒，以切断病原体的传播途径。

2. 严防畜禽窜入鸭舍 严防野兽、飞鸟、鼠、猫、犬、昆虫等进入鸭舍，防止惊群、咬伤和传播病原体，尤其要注意定期灭鼠。

3. 杜绝市售家禽产品进入场区 住在本场内的工作人员不得外购任何种类的家禽产品，并且也不得饲养任何其他家禽和鸟类。

4. 设置消毒设施 场门口设消毒池，无关人员禁入养殖场，饲养人员进舍前必须更换工作服、工作鞋、工作帽。

5. 及时发现、隔离和淘汰病鸭 饲养人员要经常观察鸭群，发现精神不振、行动迟缓、毛乱翅垂、闭眼缩颈、食欲不佳、粪便异常、呼吸困难、咳嗽等症状的病鸭时，应及时将其隔离或淘汰，并查明原因，迅速对症治疗。

三、加强饲养管理，做好环境卫生

（一）满足营养需要

疾病的发生与发展与鸭群体质的强弱有关，而鸭群体质的强弱与其营养状况有直接的关系。如果不按科学方法配制饲料，鸭缺乏某种或某些必需的营养元素时，机体所需的营养失去平衡，新陈代谢失调，从而影响生长发育，体质减弱，易感染各种疾病。另外，有时虽然按科学方法配制了饲料，但饲喂和管理方式不科学也会影响机体的正常代谢功能，使营养的消化吸收减弱或受阻。因此，在饲养管理过程中，要根据鸭的品种、大小、强弱不同，分群饲养，按其不同生长阶段的营养需要供给相应的配合饲料，在做到饲料全价性的同时，采取科学的饲喂方式，以保证鸭体的营养需要。

除给种鸭供应足够的清洁饮水外，还要注意其体质锻炼，以提高鸭群的健康水平。这样做可以有效防止多种疾病的发生，特别是营养代谢性疾病的发生。

（二）创造良好的生长环境

种鸭良好的生长环境包括适应的温度、湿度、光照、通风等。冬季要注意通风换气，保持舍内空气新鲜，减少或避免各种有害气体，如氨气、硫化氢、二氧化碳等对种鸭的影响，但同时要注意保温。养鸭场传统的饲养方式是雏鸭在育雏舍养1～2周，然后每周1次或2次将其移往另外的饲养场所，为下批雏鸭的饲养腾出圈舍。虽然这种饲养方式在应用场地方面效率较高，但是不利于防止病原体的传播。由于圈舍地面来不及清洗和消毒，一旦某一圈或某个饲养区遭到传染病的污染，则以后批次的雏鸭在被污染的圈内饲养后也容易传染疾病。

在两批次之间，鸭舍必须进行清洗和消毒。理想的圈舍系统是全进全出，将鸭舍清洗消毒，为进下批雏鸭的饲养做准备。

（三）做好清洁卫生工作

圈养鸭群的场地如果潮湿，则适宜病原微生物的生长繁殖。做好鸭群生活环境的清洁卫生，就是要不给病原菌创造生存和繁殖的环境条件。鸭场的排水沟、垃圾要经常清理，垫料要经常更换；粪便要及时清除；用具要经常清洗和消毒；鸭舍要保持干净、干燥、通风、舒适，场地要保持清洁、卫生、干燥。

四、建立严格的消毒制度

消毒是预防鸭病的一项重要措施。其目的就是消灭被传染源散播于外界环境中的病原体，以切断传播途径，阻止疫病继续蔓延。鸭场应具备必要的消毒设施和建立严格而切实可行的消毒制度，定期对鸭场、鸭舍的地面、土壤、粪便、污物、用具等进行消毒。

（一）消毒方法

常用的一些消毒方法主要有以下几种。

1. 机械性清除法　指用机械的方法，如清扫、洗刷、通风等清除病原体，这是最普通、最常用的方法。如对鸭舍地面进行清扫和洗刷，可清除干净鸭舍内的粪便、垫草、饲料残渣等。采用机械性清除法不但可以除去环境中

85%的病原体，而且由于去除了各种有机物对病原体的保护作用，因此可使随后使用的化学消毒剂能对病原体发挥更好的杀灭作用。

2. 物理消毒法

（1）阳光和紫外线　阳光是天然的消毒剂，其光谱中的紫外线有较强的杀菌能力，阳光的灼热和蒸发水分引起的干燥也有杀菌作用。一般病毒和非芽孢病原菌，在阳光直射下几分钟至几小时可被杀死。即使是抵抗力很强的细菌芽孢，连续几天在强烈的阳光下反复暴晒，其毒力也会变弱或被杀灭。因此，阳光对于鸭舍、运动场、用具和物品等的消毒具有很大的现实意义，应该充分利用。但阳光的消毒效果取决于季节、时间、纬度、天气等，要灵活掌握，并配合使用其他消毒方法。

在实际工作中，常采用人工紫外线来进行空气消毒。革兰氏阴性菌对紫外线最为敏感，革兰氏阳性菌次之，紫外线消毒对细菌芽孢无效，一些病毒也对紫外线敏感。紫外线虽有一定使用价值，但它的杀菌作用受很多因素的影响，如它只能对表面光滑的物体才有较好的消毒效果。空气中的尘埃能吸收很大部分紫外线，因此应用紫外线消毒时室内必须清洁，最好先做湿式打扫。人也必须离开现场，因紫外线对人有一定的损害。

（2）高温　是最彻底的消毒方法之一，包括火焰烧灼、烘烤、煮沸消毒、蒸汽消毒。

3. 化学消毒法　在兽医防疫实践中，常用化学药品来进行消毒。化学消毒的效果取决于许多因素，如病原体抵抗力的特点、所处环境的情况和性质、消毒时的温度、药剂浓度、作用时间的长短等。在选择化学消毒剂时应考虑对该病原体消毒力强、对人和动物的毒性小、不损害鸭、易溶于水、在环境中比较稳定、不易失去消毒作用、价廉易得和使用方便等因素。

（二）鸭场空圈消毒五字诀

1. 空　将同一圈舍内同群的所有鸭全部转出，做到彻底空圈，坚持"全进全出"原则。

2. 清　将圈舍内的粪便、垃圾、杂物、尘埃等清扫干净，不留任何污物。

3. 洗　将圈舍用清水反复冲洗干净，目的是初步消毒。如不冲洗干净就盲目消毒，则浪费人力、物力，收效甚微。

4. 消　采用消毒剂正式消毒地坪可用3％～5％的氢氧化钠溶液，待10～24小时后再用水冲洗一遍。墙面可用石灰水粉刷消毒。舍内空气可采用喷雾消毒法，气雾粒子越细越好。

5. 干　消毒完毕后，圈舍地面必须干燥3～5天，整个消毒过程不少于7天，然后再进入下一个生产周期。

（三）消毒误区

1. 忽视消毒防疫的原因

（1）看不到直接效果，整体消毒意识不强。有人认为，养殖场不消毒或没有及时消毒，病原照样通过风、空气、粪尿等传播，疫病仍然发生，所以就不消毒了。这样就会导致养殖环境污染加重，疫病猖獗。

（2）存在不消毒不得病，消毒也生病的错误意识。有人认为既然鸭消毒后也生病，生病后还得用药物治疗，还不如把消毒费用省下来。这是对消毒的明显错误认识，不了解消毒对降低发病率的重要性。

（3）整体消毒剂质量差，大量低价、劣质的产品充斥市场，使广大养殖户无从选择，也就忽视了消毒的作用。

2. 消毒误区

误区一，未发生疫病可以不进行消毒。消毒的主要目的是杀灭病原体，在养殖中有时没有疫病发生，但外界环境存在传染源，传染源会释放病原体，病原体会通过空气、饲料、饮水等途径入侵易感鸭。如果没有及时消毒、净化环境，则环境中的病原体就会越积越多，达到一定程度时就会引起疫病。因此，未发病地区的养鸭户更应进行消毒，防患于未然。

误区二，消毒前不进行彻底清除。养殖场存在大量的有机物，如粪便、饲料残渣、鸭体分泌物、体表脱落物、污水和其他污染物。这些有机物中藏匿着的大量病原，会消耗或中和消毒剂的有效成分，严重降低消毒剂对病原的作用浓度，因此彻底清扫是有效消毒的前提。

误区三，已经消毒就不会再发生传染病。尽管进行了消毒，但不一定就能收到彻底的效果，这与选用的消毒剂品种、质量及消毒方法有关。在已经彻底规范消毒后，短时间内环境是很安全的，但许多病原体可以通过空气、飞禽、鼠等媒介而传播；加上养殖鸭自身不断污染环境，也会使环境中的各种致病微生物大量繁殖。因此，必须定时、定位、彻底、规范地消毒，同时结合有计划地免疫接种。

误区四，消毒剂气味越浓消毒效果越好。消毒效果的好坏，主要与消毒剂的杀菌能力、杀菌谱有关。好的消毒剂具有气味小、效果好的特点。气味浓、刺激性大的消毒剂对鸭群呼吸道、体表均有一定的伤害，易引起呼吸道疾病。

误区五，长期使用单一消毒剂。长期固定使用单一消毒剂，细菌、病毒也可能对此产生抗药性；同时杀菌谱的宽窄不同，不可能杀灭某种致病菌。因此，最好轮换使用几种不同类型的消毒剂，或选用广谱消毒剂。

五、鸭群免疫接种

免疫接种是指用人工方法将有效的疫苗引入鸭体内，使其产生特异性免疫力，由易感鸭变为不易感鸭的一种疫病预防措施。有组织、有计划地进行免疫接种，是预防和控制鸭传染病的重要措施之一。在一些重要病毒性传染病的防治措施中，免疫接种更具有关键性的作用，通常可分为预防接种和紧急接种两大类。

（一）预防接种

在经常发生某些传染病的地区，或有某些传染病潜在的地区，或经常受到邻近地区某些传染病威胁的地区，为了防患于未然，在平时有计划地给健康鸭进行的免疫接种，称为预防接种。预防接种通常使用疫苗、菌苗、类毒素等生物制剂作抗原激发免疫，疫苗、菌苗、类毒素等生物制剂统称为疫苗。根据生物制剂品种的不同，可采用皮下、皮内、肌内注射或皮肤刺种、点眼、滴鼻、喷雾、口服等不同的接种方法。鸭接种后，可获得数月至 1 年以上的免疫力。

1. 应有周密的计划　预防接种时为了做到有的放矢，应对当地各种传染病的发生和流行情况进行调查了解，弄清楚存在哪些传染病，在什么季节流行，据此制订全年的预防接种计划。

有时也进行计划外的预防接种。如引进或输出鸭苗时，为了避免在运输途中或到达目的地后暴发某些传染病而进行的预防接种就属于计划外的预防接种。

预防接种前，应对被接种的鸭群进行详细的检查和调查了解，特别注意其健康情况、年龄大小、是否在产蛋期及饲养条件的好坏等。成年、体质健壮或饲养管理条件好的鸭群，接种后会产生坚强的免疫力。反之，接种后产生的抵抗力就差些，也可能引起较明显的接种反应。产蛋期的种鸭预防接种后，有时会暂时减少产蛋量。因此，对那些幼龄的、体质弱的、有慢性病的、处于潜伏期的、产蛋期的鸭群，如果不是已经受到传染病的威胁，最好暂时不接种。对那些饲养管理条件不好的鸭群，在进行预防接种时必须创造条件，改善饲养管理。

另外，接种前还应注意了解当地有无疫病流行，如发现疫情则先对该病进行紧急防疫；如无特殊疫病流行，则按计划进行定期预防接种。一方面组织力量做好疫苗、器材、消毒药品等的准备工作，另一方面严格要求接种人员一定要爱护鸭群，做到消毒认真，接种剂量、部位准确，接种后要加强饲养管理，使鸭体产生较好的免疫力，减少接种后的反应。

疫苗接种后经过一定时间（10～20 天），应检查免疫效果，尤其是改用新的免疫程序及疫苗种类时更应重视免疫效果的检查。目前，常用测定抗体的方法来监测免疫效果，这样可以及早知道是否达到预期免疫效果。如果免疫失败，则应尽早、尽快补防，以免发生疫情。

如果某一地区过去从未发生过某种传染病，也没有从别处传入传染病的可能，则不必要进行该传染病的预防接种。

2. 预防接种后应注意鸭的反应　免疫接种后，要注意观察鸭群的反应。如有不良反应或发病情况，则应及时采取适当措施，并向有关部门报告。预防接种发生反应的原因很复杂，是由多方面的因素造成的。对机体来说，生物制品都是异物，经接种后总有反应过程，不过反应的性质和强度可以有所不同。在预防接种中成为问题的不是所有的反应，而是指不应有的不良反应或剧烈反应。所谓不良反应，一般认为就是经预防接种后引起了持久的或不可逆的组织器官损害或功能障碍而致的后遗症。

3. 联合使用几种疫苗 同一地区，在同一季节内往往可能有两种以上疫病流行。一般认为，当同时给鸭群接种两种以上疫苗时，这些疫苗可分别刺激机体产生多种抗体。它们可能彼此无关，也可能彼此发生影响。这种影响可能是彼此互相促进，有利于免疫力的产生；也可能相互抑制，使免疫力的产生受到阻碍。因此必须考虑到各种疫苗的互相配合，以减少相互之间的干扰作用，保证免疫效果。另外，鸭体对疫苗刺激的反应是有一定限度的。如果一次接种疫苗种类过多，机体不能忍受过多刺激时，不仅可能引起较剧烈的不良反应，而且还可能减弱机体产生抗体的机能，甚至出现免疫麻痹，从而降低预防接种效果。为了获得较好的免疫效果，对当地流行最为严重的传染病，最好能单独进行接种，以便鸭能产生坚强的免疫力。从免疫学的角度考虑，一般来说，任何疫苗都以单独使用时效果最好。因此，究竟哪些疫苗可以同时接种，哪些疫苗不可以同时接种应慎重考虑，并以已有试验结果为依据。

4. 制定合理的免疫程序 一个地区、一个鸭场可能发生的传染病不止一种，因此鸭场往往需要多种疫（菌）苗来预防不同疾病。用来预防这些传染病的疫（菌）苗的性质各不相同，免疫期长短不一。为了达到理想的免疫效果，需要制定科学、合理的免疫程序。所谓免疫程序是根据一定地区、养殖场或特定鸭群体内传染病的流行状况、健康状况和不同疫苗特性，为特定鸭群制订的接种计划，包括接种疫苗的类型、顺序、时间、次数、方法、时间间隔等。每种传染病的免疫程序组合在一起就构成了一个地区、一个牧场或特定鸭群的综合免疫程序。每种传染病的免疫程序之间都有密切联系，一种传染病免疫程序的改变往往会影响其他传染病的免疫程序。

因此，对于一个地区或鸭场来说，制定免疫程序是一项非常负责而严肃的工作，应考虑各方面的因素，一般有：①当地鸭病的流行情况及严重程度；②母源抗体水平；③上一次免疫接种引起的残余抗体水平；④鸭的免疫应答能力；⑤疫苗种类和性质；⑥免疫接种方法和途径；⑦各种疫苗的配合情况；⑧疫苗对鸭健康及生产能力的影响。

5. 查找免疫接种失败的原因 鸭免疫接种后，在免疫有效期内不能抵抗相应病原体的侵袭，仍发生该种传染病，或者效力检查不合格（如疫苗接种后监测不到抗体或抗体滴度达不到应有水平、抽检或攻毒保护率低于标准要求）均可认为是免疫接种失败。出现免疫接种失败的原因有很多，必须从客观实际出发，考虑各方面的可能因素。事实上，每次免疫接种失败都有其特殊的原因。下面列出的一些常见原因可归纳为三大方面，即疫苗因素、鸭本身的因素和人为因素。

（1）疫苗因素 主要包括：①疫苗本身的保护性能差或具有一定毒力；②疫苗毒（菌）株与田间流行病毒（菌）株血清型或亚型不一致，或流行株的血清学发生了变化；③疫苗选择不当甚至用错疫苗，在疫病严重流行的地区，仅选用安全性好但免疫原性差的疫苗；④疫苗运输、保管不当或疫苗稀释后未及时使用，造成疫苗失效；⑤使用过期、变质的疫苗；⑥不同种类疫苗之间相互干扰。

（2）鸭本身的因素 主要包括：①接种活疫苗时鸭有较高的母源抗体或前次免疫残留的抗体对疫苗产生了免疫干扰；②接种时鸭已处于潜伏感染，或在接种时由接种人员及工具带入病原体；③鸭群中有免疫抑制性疾病存在或有其他疫病存在，使免疫力暂时下降而导致发病。

（3）人为因素 主要包括：①免疫接种工作不认真，如饮水免疫时饮水器不足、疫苗稀释错误或稀释不均匀、接种剂量不足、接种有遗漏等；②免疫接种途径或方法错误，如只能通过注射接种却采用饮水法接种；③免疫接种前后使用了免疫抑制性药物，或在用活菌疫苗免疫时使用了抗菌药物。

（二）紧急接种

紧急接种是指在发生传染病时，为了迅速控制和扑灭疫情而对疫区和受威胁区尚未发病的鸭进行的应急性计划外免疫接种。从理论上说，紧急接种以使用免疫血清较为安全、有效。但因血清用量大、价格高、免疫期短，且在大批鸭接种时往往供不应求，因此在实践中很难普遍使用。多年来的实践证明，在疫区内使用某些疫（菌）苗进行紧急接种是切实可行的，尤其适合于急性传染病。例如，发生禽流感等一些急性传染病时，广泛应用疫苗紧急接种可迅速控制疫情。

在疫区应用疫苗作紧急接种时，必须对所有受到传染威胁的鸭逐只进行详细观察和检查，仅对正常无病的鸭以疫苗进行紧急接种。对患病鸭及可能已受感染而处于潜伏期的鸭，必须在严格消毒的情况下立即隔离，不能再接种疫苗。由于表现正常而无病的鸭中可能混有一部分潜伏期的患鸭，这一部分鸭在接种疫苗时不能获得保护，反而会更快发病。因此，在紧急接种后短期内鸭群中发病鸭的数量有可能增多。但由于这些急性传染病的潜伏期较短，而通过疫苗接种后大多数未感染鸭很快就能产生抵抗力，因此发病鸭的数量会很快下降，最终使疫情很快停息。

紧急接种是在疫区及周围的受威胁区进行，受威胁区的大小视疫病的性质而定。对某些流行性强的传染病，如禽流感等，受威胁区在疫区周围 5～10 千米。这种紧急接种的目的是建立"免疫带"以包围疫区，就地扑灭疫情，防止其扩散蔓延。但这一措施必须与疫区封锁、隔离、消毒等综合措施配合才能取得较好的效果。

（三）免疫接种注意事项

1. 调查鸭场所在地的疾病发生和流行情况　疫病的发生具有地域性，免疫前应对鸭场周边地区疫病进行调查了解，选择相应的疫苗对本地曾发生过或正在发生的疫病进行免疫，未曾在本地发生的疫病则不用免疫。用疫苗预防本地没有发生过的疫病，不仅意义不大，而且浪费人力、财力，严重者会人为地将病源引进本场，导致疫病暴发。但应将禽流感等不存在地域性区别或危害严重的烈性传染病无条件地纳入免疫程序。

2. 熟悉种鸭易患疫病的发病特点 熟悉种鸭主要疫病的发病日龄和流行季节，从而选择在合适日龄、疫病高发季节来临之前接种对应的疫苗能有效控制疫病。如鸭病毒性肝炎只发生于雏鸭阶段，尤其是 10 日龄左右高发，故种鸭的病毒性肝炎首免就要在雏鸭到场 1 日龄内进行。此外，疫病的发生有一定的季节性，如秋、冬季易发病毒性疾病，夏季多发细菌性疾病。

3. 选择合适的疫苗类型 疫苗一般有活疫苗、灭活疫苗、单价疫苗、多价疫苗、联苗等多种类型，不同的疫苗其免疫期与接种途径也不一样。种鸭场要根据实际需要选择合适的疫苗类型，如对饲养在新场址的幼龄鸭应选用灭活疫苗，预防选择联苗，而紧急接种则使用单苗。另外，同一种鸭病即使由不同毒株引起其抗原结构也不相同，必须选择免疫原性相同的疫苗接种。

4. 科学安排接种时间和间隔

（1）同时接种两种或多种疫苗常产生干扰现象，故两种或多种病毒性活疫苗的接种时间至少间隔 1 周以上；免疫前后停止喷雾或饮水消毒，尤其是注射活菌疫苗前后禁用抗生素。

（2）在种鸭的一个生产周期内，某些疫苗需要多次免疫接种。这些疫苗首次接种时，应选择毒力较弱的活毒疫苗做起动免疫，以后再使用毒力稍强或中等毒力的疫苗做补强免疫接种。

（3）制订免疫计划要结合本场的实际和工作安排，避开转群、开产、产蛋高峰等敏感时期，以防止加剧应激。

5. 考虑所饲养种鸭的品种特点 鸭的品种不同，对各种疾病的抵抗力也不尽相同，由此应制定针对性的免疫程序。例如，樱桃谷鸭种鸭易患的疾病主要是病毒性肝炎、鸭瘟和鸭霍乱，故养殖场（户）在制定免疫程序时要重点考虑这三种疾病的免疫问题，而对其他鸭病则可根据当地疫情灵活安排免疫。

6. 注意鸭体已有抗体水平的影响 种鸭体内已经存在的抗体会中和接种的疫苗，因此在种鸭体内抗体水平过高时免疫往往不理想。种鸭体内抗体来源分为两类：一是先天所得，即通过亲代种鸭免疫遗传给后代的母源抗体；二是通过后天免疫产生的抗体。

母鸭开产前已强制接种某种疫苗，则其所产种蛋孵出的雏鸭体内就含有高浓度的母源抗体。若此时接种疫苗则会削弱雏鸭体内的母源抗体水平，使雏鸭在接种后几天内形成免疫空白，增加疾病感染的机会。故在购买雏鸭前，应先了解种鸭的免疫情况，如果种鸭已接种相关疫苗，则对雏鸭应推迟该疫苗的接种时间。

后天免疫应选在种鸭抗体水平到达临界线时进行。抗体水平一般难以估计，有条件的种鸭场应通过监测确定抗体水平；不具备条件的种鸭场可通过疫苗的使用情况及该疫苗产生抗体的规律确定抗体水平。

六、建议免疫程序

1. 种（蛋）鸭免疫程序（仅供参考） 见表 8-1。

表 8-1　种（蛋）鸭免疫程序

免疫时间	疫病	疫苗	免疫方法
1 日龄	鸭病毒性肝炎	鸭病毒性肝炎弱毒疫苗或卵黄抗体	首免（无母源抗体）1 头份，皮下注射；或抗体 0.5～1 毫升/只，皮下注射

（续）

免疫时间	疫病	疫苗	免疫方法
7～10 日龄	1. 禽流感 2. 鸭瘟 3. 鸭病毒性肝炎 4. 浆膜炎	1. 禽流感 H5 亚型灭活疫苗 2. 鸭瘟弱毒疫苗 3. 鸭病毒性肝炎弱疫苗 4. 多价灭活疫苗	1. 首免 0.3 毫升/只，皮下注射 2. 首免（无母源抗体）1 头份，皮下注射 3. 首免（有母源抗体）1～2 头份，皮下注射 4. 首免（含浆膜炎的血清型）0.3 毫升/只，皮下注射
15 日龄	鸭大肠埃希氏菌病	多价灭活疫苗	首免 0.3 毫升/只，皮下注射
20～25 日龄	1. 鸭瘟 2. 浆膜炎	1. 鸭瘟弱毒疫苗 2. 多价灭活疫苗	1. 首免（有母源抗体）1 头份，皮下注射 2. 二免 0.5 毫升/只，皮下注射
30 日龄	1. 禽流感 2. 禽霍乱	1. 禽流感 H5 亚型灭活疫苗 2. 禽霍乱灭活疫苗	1. 二免 0.5 毫升/只，皮下注射 2. 首免 1 头份，皮下注射
30～40 日龄	1. 鸭瘟 2. 鸭病毒性肝炎	1. 鸭瘟弱毒疫苗 2. 鸭病毒性肝炎弱毒疫苗	均为二免 1 头份，皮下注射
90 日龄	禽霍乱	禽霍乱灭活疫苗	二免 1 头份，皮下注射
开产前 2～3 周	1. 鸭瘟 2. 禽流感	1. 鸭瘟弱毒疫苗 2. 禽流感 H5 亚型灭活疫苗	1. 三免 2 头份，皮下注射 2. 三免 1 毫升/只，皮下注射
开产后 2～3 月	1. 鸭瘟 2. 禽流感	1. 鸭瘟弱毒疫苗 2. 禽流感 H5 亚型灭活疫苗	1. 四免 2 头份，皮下注射 2. 四免 1 毫升/只，皮下注射

2. 肉鸭免疫程序（仅供参考） 见表 8-2。

表 8-2 肉鸭免疫程序

免疫日龄（天）	疫病	疫苗	免疫方法
1	鸭病毒性肝炎	鸭病毒性肝炎弱毒疫苗或卵黄抗体	首免（无母源抗体）1 头份，皮下注射；或抗体 0.5～1 毫升/只，皮下注射
4～7	浆膜炎	多价灭活疫苗	首免（含 1.2.5 血清型）0.3 毫升/只，皮下注射

（续）

免疫日龄（天）	疫病	疫苗	免疫方法
7～10	1. 禽流感 2. 鸭病毒性肝炎 3. 鸭瘟	1. 禽流感 H5 亚型灭活疫苗 2. 鸭病毒性肝炎弱毒疫苗 3. 鸭瘟弱毒疫苗	1. 首免 0.3 毫升/只，皮下注射 2. 首免（有母源抗体）1～2 头份，皮下注射 3. 首免（无母源抗体）1 头份，皮下注射
14～15	1. 鸭大肠埃希氏菌病 2. 禽霍乱	1. 多价灭活疫苗 2. 禽霍乱灭活疫苗	1. 首免 0.3 毫升/只，皮下注射 2. 首免 0.3 毫升/只，皮下注射
20～25	1. 鸭瘟 2. 浆膜炎	1. 鸭瘟弱毒疫苗 2. 多价灭活疫苗	1. 二免 1 头份，皮下注射 2. 二免 1 头份，皮下注射

第八章

鸭传染性疾病的诊断及防治

第一节　病毒性疾病的诊断及防治

一、鸭瘟

鸭瘟又名鸭病毒性肠炎，是鸭的一种急性、热性传染病，鸭患病后死亡率较高。其临床特征是高热，肢软，流泪，排绿色粪便。发病后期鸭体温降低至正常体温以下，最后衰竭死亡。有一部分病鸭的头、颈部肿大，故该病也俗称"大头瘟"。

【病原】病原为鸭瘟病毒，其在分类学上属于疱疹病毒科，具有该科病毒的典型特征。病鸭血液和内脏中含有的大量病毒，通常存在于感染细胞的细胞核和细胞质中。

鸭瘟病毒对乙醚和氯仿敏感，对外界环境有较强的抵抗力，在−20～−10℃环境中能存活 347 天，50℃时经 90～120 分钟才能被灭活，在室温22℃时需要 30 天才能失去感染力。但该病毒对一般浓度的常用消毒药较敏感，如能较快地被 1%～3%氢氧化钠溶液、10%～20%的漂白粉混悬液、5%甲醛溶液等杀灭。其他如直射阳光、高温干燥等，都不利于该病毒的生长繁殖。

【流行病学】不同日龄和品种的鸭均可感染鸭瘟，但以番鸭、麻鸭和绵鸭最易感染，北京鸭次之。在自然条件下，成年鸭发病率与死亡率较高。30 日龄以内的雏鸭较少发病。但人工感染时，雏鸭却较成年鸭容易发病，且死亡率较高。这可能是成年鸭受传染获得自然免疫的机会较多，特别是在水网地区更为明显。野鸭、野鹅、大雁等通过人工接种均易感染，而在

150

自然界中常为带毒者。养殖密度较高、卫生防疫不严格、病死鸭处理不妥当都可造成 30 日龄以内的雏鸭发生鸭瘟。

鸭瘟的传染源主要是病鸭和带毒鸭，其次是其他带毒的水禽、飞鸟等。这些带毒的禽类，特别是病鸭和死鸭，很容易通过排出的粪便及其分泌物污染饲料、饮水、饲养工具等散播病毒。当健康鸭群与病鸭混群放牧或间接食入被污染的饲料时均可发病感染，从而造成该病的流行。消化道感染是鸭瘟主要的感染方式，其他如通过滴鼻、涂抹、肌内注射等人工接种方式也可引起发病，某些吸血昆虫也有可能是本病的传播媒介。

本病的发生与流行无明显季节性，但以春、秋季鸭群的运销旺季最易发病流行。据有关资料报道，在低洼多水的养鸭地区，水源的污染造成该病的发生和流行较为严重。

【临床症状】发生鸭瘟时，潜伏期一般为 2～4 天。初期病鸭体温急剧升高，一般高达 43～44℃，呈稽留热型。病鸭表现为精神萎靡，头颈缩起，食欲降低，渴欲增加，两肢发软，步态蹒跚，经常卧地，难以走动，如若强行驱赶，则见两翅扑地而行。病鸭不愿下水，若强迫其下水，也不能游动。病鸭眼周湿润，流泪，有的附有脓性分泌物，将两眼粘住。

病鸭呼吸困难，常伴有湿性啰音，鼻内也常有浆液性或黏液性分泌物流出。部分病鸭头颈部肿胀。病鸭下痢，有时排绿色或灰白色稀便，肛门周围羽毛被污染，常附有稀粪结块。泄殖腔黏膜充血、出血，水肿，严重时黏膜松弛外翻，黏膜面附有黄绿色假膜，不易剥脱。患病后期鸭体温下降，衰竭，不久死亡。急性病例病程一般为 2～5 天。慢性一般在 7 天以上，有少数病鸭即使存活，但表现消瘦，生长发育不良，角膜混浊较为典型，严重时常形成单侧性溃疡性角膜炎。产蛋鸭群一般减产 30% 左右，随着死亡率的增加可减产 60% 以上，甚至停产。

【病理变化】发生鸭瘟时，以全身性急性败血症为主要特征。全身浆膜、黏膜和内脏器官，有不同程度的出血性斑点或坏死。皮下组织有不同程度的胶样浸润，尤以"大头瘟"典型病例较为严重，切开肿胀的皮肤后即刻流出淡黄色的透明液体。舌下部、咽喉周围有溃疡灶，食道黏膜被具有纵行排列的灰黄色假膜覆盖，此假膜不易剥脱，剥脱后可呈现不同大小的特征性红色溃疡灶。腺胃黏膜有出血性斑点，有时在腺胃与食道膨大部交界处有一条出血带，肌胃角质膜下层充血，有时出血。肠黏膜有充血和出血性炎症。泄殖腔黏膜有出血性斑点和不易脱落的假膜或溃疡。

肝脏的早期病理变化有出血性斑点，后期出现大小不同的灰黄色坏死灶，在坏死灶周围有时可见环形出血带，而在坏死灶中心却常见小出血点。在肝细胞内能形成 A 型核内包含体。

脾脏呈黑紫色，有的有花纹，体积缩小。心内膜和心外膜常有点状或刷状出血。胸腺和腔上囊也常有出血性病理变化。卵泡常有变形和泡内出血性病理变化。

【诊断】根据流行病学、临床症状和病理变化进行综合性分析，可以对本病作出初步诊断。但在该病的初发地区，应按要求采集肝、脾组织，送兽医检验部门进行实验室诊断，实验室诊断要点如下：

1. 动物接种 取肝、脾组织病料研磨成浆后过滤，取其过滤液，加入适量青、链霉素，然后肌内接种 1 日龄易感健康雏鸭，每只接种量为 0.5 毫升，接种后 3～12 天可引起发病或死亡，而对照组雏鸭则正常。

2. 分离病毒 初次分离病毒可用 9～14 日龄鸭胚，进行绒毛尿囊膜接种，经 4～10 天鸭胚可能死亡，并出现典型病理变化。如果鸭胚未死亡，则可进行盲传。

（1）组织培养 用鸭胚成纤维细胞培养物分离病毒，鸭瘟病毒可以引起细胞病理变化，形成蚀斑。

（2）病毒鉴定　鸭瘟病毒在变性的肝细胞、消化道上皮细胞和网状内皮细胞核内，均能形成嗜酸性包含体，并在消化道和淋巴样组织病理变化处常见特征性的空泡。

（3）血清学鉴定　经常采用中和试验法进行鉴定，即用已知鸭瘟鸡胚化的适应弱毒株为抗原，检测未知血清中的相应抗体，也可应用荧光抗体技术或其他血清试验的方法进行鸭瘟病毒的鉴定。

在对鸭瘟进行诊断时，应注意其与鸭肝炎、鸭霍乱、鸭球虫病和成鸭坏死性肠炎的鉴别诊断。

【防治】本病发生时目前没有特效的治疗方法，可用聚肌胞（一种内源性干扰素）进行早期治疗，每只成年鸭肌内注射1毫升，每3日1次，连用2～3次，可以收到一定疗效，但更为重要的是要加强综合防治工作。

第一，加强饲养管理，提高鸭群整体健康水平，增强机体的抗病力。

第二，坚持自繁自养，需要引进种蛋或种雏时，一定要严格检验，待确实证明无疫病感染后方可引入场内。

第三，鸭场要健全必要的消毒设施，要有严格的防疫消毒制度，时刻掌握场外本地区的疫情信息，防止鸭瘟病原侵入场内，确保鸭群安全生产。

第四，一旦发生鸭瘟，要按国家防疫条例上报疫情，划定疫区范围，并采取严格的封锁、隔离、焚尸、消毒等各项工作。被病毒污染的饲料要高温消毒，饮用水可用碘伏类消毒药消毒（这类消毒药对鸭群无毒害作用）。对疫区健康鸭群和尚未发病的假定健康鸭群，应立即接种疫苗。疫苗接种时必须一鸭一针头。接种1周后，鸭群逐渐趋于稳定。

第五，疫区的肉鸭屠宰加工厂，要严格执行检疫检验制度，禁止收购来自疫情场的鸭。对屠宰用的可疑病鸭及其内脏等，需经高温处理后利用或废弃。

二、鸭病毒性肝炎

鸭病毒性肝炎是雏鸭的一种急性传染病，常给养鸭场造成重大的经济损失。其发病急、传播速度快、死亡率高，临床表现为角弓反张，病理变化为肝炎。该病在世界范围内均有不同程度的存在，近年来在我国各地也不断发生，且发病率和死亡率均呈上升趋势，因此必须予以高度重视和积极预防。

【病原】鸭病毒性肝炎病原为鸭肝炎病毒，该病毒在分类上属于小核糖核苷酸病毒属，有3个血清型，即1、2、3型鸭肝炎病毒。这3个血清型无交叉免疫性，均能在鸭胚成纤维细胞和肾细胞上生长增殖，对各种动物的红细胞均无凝集作用。鸭患病时死亡率为10%～25%，6～14日龄的雏鸭死亡率高达50%。

本病毒在自然界中有较强的抵抗力，在污染的雏鸭舍内可存活10周以上，在潮湿的粪便污物中能存活1个月。对一些理化因子的抵抗力也较强，在56℃时加热1小时仍可存活，2%漂白粉、1%甲醛、2%氢氧化钠溶液需要2～3小时才能将其杀灭。

【流行病学】鸭病毒性肝炎一年四季均可发生，但以冬、春季节发病较多。自然暴发时仅发生于雏鸭，主要为3周龄以内的雏鸭，以4～8日龄最为易感，发病率可高达100%。雏鸭的死亡率差别很大，为20%～100%，随着日龄的增长与机体免疫水平的提高，死亡率逐渐减少，4周龄以后发病率和死亡率均很低。成年鸭呈隐性感染，无临床症状，且不影响产蛋率，但能排毒，可通过消化道和呼吸道感染其他鸭。

【临床症状】鸭肝炎潜伏期一般为1～2天。发病初期雏鸭一般表现为精神萎靡，羽毛松乱，缩颈呆立，眼半闭呈昏睡状，食欲不振至厌食、绝食；

发病 12～24 小时即出现神经症状，病鸭全身性抽搐，运动失调，两脚痉挛，头向后仰呈角弓反张状，身体倒向一侧或就地旋转，数小时后死亡，也有的雏鸭不见任何症状便突然死亡。

【病理变化】主要病理变化在肝脏，表现为肿大，质地脆弱，色泽暗淡或发黄（小日龄的患病雏鸭其肝脏多呈土黄色或红黄色），表面散布大小不等的出血点或斑状出血灶。此外，胆囊肿大，充满褐色、淡茶色或淡绿色的胆汁；脾、肾有时也肿大。

【诊断】根据本病的流行病学、临床症状和剖检病理变化综合分析，可以作出初步诊断。确诊可将病料送兽医检验部门进行实验室诊断，诊断要点如下：

1. 病毒分离与鉴定

（1）雏鸭接种法　取 1～7 日龄易感雏鸭 5～10 只，每只皮下或肌内注射 5%～10%待检病料肝乳剂 0.2～0.5 毫升，24 小时后依据出现的临床症状和剖检病理变化可作初步诊断。再用此病死雏鸭的肝脏制作肝乳剂，进行鸭胚接种试验。

（2）鸭胚接种法　取数枚 10～14 日龄非免疫母鸭的鸭胚，每枚鸭胚于尿囊腔接种 0.2 毫升肝乳剂上清液，接种后继续孵育，24～72 小时死亡后胚体皮下出血、水肿；肝脏稍肿大，灰绿色，有坏死灶，而对照组全部存活。用此死胚肝或尿囊液再次分离病毒，接种易感雏鸭，即可确诊。

2. 血清学鉴定

（1）无母源抗体雏鸭试验　用已知高免血清或卵黄抗体，给 5～10 只 7 日龄以内的易感雏鸭皮下注射，每只 1～2 毫升，24 小时后再用待检的 10%～20%肝乳剂，给每只雏鸭肌内接种 0.2～0.5 毫升。如果雏鸭获得保护，且保护率为 80%～100%时，即可确诊，对照组发病率在 80%以上也可证实。

（2）有母源抗体雏鸭试验　用待检的 $10\%\sim20\%$ 肝乳剂给 $5\sim10$ 只 7 日龄以内的雏鸭接种，每只雏鸭肌内接种 $0.2\sim0.5$ 毫升。如果获得保护，且保护率为 $80\%\sim100\%$ 时即可确诊，对照组发病率在 80% 以上也可证实。

【防治】采用高免卵黄抗体可有效控制本病，其免疫接种方法是：①有母源抗体的雏鸭，在 $7\sim10$ 日龄时每只肌内注射鸭病毒性肝炎弱毒疫苗 1 羽份。②无母源抗体的雏鸭，在出壳后 1 日龄每只即肌内注射鸭病毒性肝炎弱毒疫苗 1 羽份或高免卵黄抗体 0.5 毫升，10 日龄再注射鸭病毒性肝炎弱毒疫苗 1 羽份。③种鸭在开产前 12 周、8 周、4 周分别用鸭病毒性肝炎弱毒疫苗免疫 $2\sim3$ 次，其母鸭抗体至少可以保持 7 个月；若在用弱毒疫苗基础免疫后再肌内注射鸭病毒肝炎灭活疫苗，则能在整个产蛋期内产生带有母源抗体的后代雏鸭，其母源抗体可维持 2 周左右，并能有效抵抗强毒攻击。

雏鸭一旦发生病毒性肝炎，应立即进行隔离治疗。除严格消毒、在饲料中添加矿物质和维生素外，还必须按说明书肌内注射高免卵黄抗体。

三、鸭流感

鸭流感是由 A 型流感病毒引起的一种轻度呼吸道症状传染病，继发细菌感染是致死的重要因素，单纯发生鸭流感时死亡率很低或无死亡。由于鸭常是带毒者，有可能成为人类流感病毒的基因库，因此该病的发生具有公共卫生学意义。

【病原】鸭流感的病原体是正黏病毒群的 A 型禽流感病毒，其对多种动物的红细胞有凝集作用，适于在鸭胚中培养生长，还可以在肠道和泄殖腔黏膜上皮细胞内大量增殖，并从粪便中排出，进而污染环境。

鸭流感病毒毒株不同，对鸭的致病力也不同。该病毒的抵抗力不强，可被许多普通消毒药液，如甲醛、过氧乙酸、来苏儿等迅速杀灭。紫外线也能较快地将其灭活。该病毒在 65～70℃时加热数分钟即可灭活。但在干燥、低温环境中该病毒却能存活数月以上，如在冷冻的禽肉中可存活 10 个月。

【流行病学】鸭流感病毒主要通过与患鸭（包括与患鸭接触的器具）的直接接触和间接接触传染，各种日龄的鸭均可感染。此外，带毒的飞鸟或其他水禽常常成为传染源，引起鸭大批发病和死亡。

鸭流感病毒存在于病鸭和感染鸭的消化道、呼吸道、内脏、组织中，可随眼、鼻、口腔分泌物及粪便排出体外，健康鸭可通过呼吸道和消化道感染，引起发病。鸭流感病毒可以通过空气传播，候鸟（如野鸭）的迁徙可将病毒从一个地方传播到另一个地方，通过被污染的环境（如水源）等造成鸭群的感染和发病。带有鸭流感病毒的鸭群和鸭产品可以造成鸭流感的传播。2～6 周龄的雏鸭易感鸭流感，发病率、死亡率与病毒株的强弱有关，也与其他病的继发感染有关。

【临床症状】鸭流感的潜伏期从数小时到数天，最长可达 21 天。潜伏期的长短取决于感染病毒的毒力、剂量、感染途径等。急性感染鸭流感时无特定临床症状，但多数病鸭会出现呼吸道症状，病初打喷嚏，鼻腔内有浆液性或黏液性分泌液，鼻孔经常被堵塞，呼吸困难，常有摆头、张口喘息症状。一侧或两侧眶下窦肿胀，食欲废绝，体温骤升，有呼吸道症状，下痢；后期出现神经症状，并伴随大量死亡。慢性病例，羽毛松乱，消瘦，生长发育缓慢。

【病理变化】鸭流感的病理变化因感染毒株毒力的强弱、病程长短和鸭种的不同而变化不一。主要表现为头肿大，鼻腔黏膜发炎，在鼻腔和眶下窦中充有浆液或黏液，有的病例则呈干酪样。鼻咽部和气管黏膜充血，气囊混浊、水肿，或有纤维素性炎症。

【诊断】当小鸭群中迅速出现鼻炎、窦炎等呼吸道炎性症状时，就应考虑到是否感染鸭流感，确诊必须依靠实验室诊断进行。

【防治】本病发生时尚无切实可行的药物治疗办法，从预防细菌性继发感染考虑，可用适当的抗生素拌料或饮水 3～5 天。

1. 免疫注射　H5N1 亚型（Re-1 株）重组禽流感病毒灭活疫苗，商品代肉鸭 7～14 日龄时进行首免，每只接种剂量为 0.8 毫升；预计饲养周期超过 2 个月的，首免后 3 周再加强免疫一次，每只接种剂量为 1.5 毫升。种鸭、蛋鸭 7～14 日龄时首免，每只接种剂量为 0.8 毫升；3 周后二免，每只接种剂量为 1.5 毫升；以后每间隔 3 个月加强免疫一次，每只接种剂量为 1.5 毫升。

2. 无害化处理　疫情发生时，应坚决实施扑灭措施，将所有病死鸭、被扑杀鸭及其产品、排泄物、被污染，以及可能被污染的垫料、饲料、其他物品进行无害化处理，对场地实施严格的消毒措施。

　　附：鸭非典型流行性感冒

【流行特点】（1）病原为 H9N2 禽流感病毒亚型，鸭在发病的中后期排特征性粪便，如绿的稀便，且粪便极稀。②发病急而快，传播速度快，一群鸭得病后，其他鸭也同样得病，只是轻重不一，有"隔村不隔户"的说法。③一批鸭得病后，以后再养鸭时同样会得病，仅是程度不同而已。④并发、继发症是导致鸭群死亡率增加的重要原因。一般 24 小时开始发生肉眼可见的心包炎肝周炎，36 小时时心包炎、肝周炎比较严重（包心包肝），混合感染大肠埃希氏菌的速度极快。⑤一年四季均发生本病，但在晚秋、冬季、春季流行较重。⑥20～35 日龄为常发日龄。本病在育成期、产蛋期也时有发生，但死亡率低，产蛋量下降不明显。

【症状特征】病鸭精神萎顿，采食量、饮水量下降，头肿大，流泪，眼睛内有泡沫，有神经症状（颈扭成 S 状或类似角弓反张仰翻或滑水样或横冲直撞）。粪便稀，以绿便（碎而少）、灰黄色颗粒状稀便、蛋清样粪便等为特征性粪便，育成期、产蛋期明显，部分鸭群伴随肾衰竭并大批死亡。

【病理特征】气囊壁增厚，气囊内有纤维素性干酪样物渗出，继发腹膜炎、浆膜炎，腹腔内同样有纤维素性干酪样物，肝包膜炎，其上有一层厚厚的纤维性包膜（俗称包心）。心内外膜出血，包括浆膜面的小点出血、胸骨内面出血、十二指肠出血、肌胃与腺胃交接处的黏膜及腺胃乳头出血（刮后明显）。扁桃体肿大、出血，腿部角质鳞片出血或鳞片下出血。沿胰脏长轴常有白色斑点状坏死，有的边缘明显出血，泄殖腔也明显出血，血液颜色鲜红可以作为鸭非典型流行性疾病的一个特殊病理变化。脾坏死或呈大理石样变。内脏型禽流感常发于20～35日龄鸭，因常有包心、包肝现象，故常被误诊为大肠埃希氏菌病或鸭传染性浆膜炎，但治疗无效，随着病程加长会大批死亡。

【防治】本病尚无切实可行的药物治疗办法。H9N2禽流感病毒灭活疫苗，商品代肉鸭21～28日龄时进行首免，每羽接种剂量为0.8毫升；饲养周期超过2个月的，首免后3周可再加强免疫一次，每羽接种剂量为1.5毫升。种鸭、蛋鸭21～28日龄时首免，每羽接种剂量为0.8毫升；3周后二免，每羽接种剂量为1.5毫升；以后每间隔3个月加强免疫一次，每羽接种剂量为1.5毫升。

四、鸭传染性脑脊髓炎

本病主要是侵害雏鸭神经系统的一种病毒性传染病，以运动失调和头颈部震颤为主要特征。

【病原】病原为禽脑脊髓炎病毒，主要侵害1～3周龄雏鸭，7～14日龄鸭最易感。发病率为50%～60%，死亡率为20%～30%。

【流行病学】本病主要经消化道传染，种鸭感染后可经蛋垂直传播。

【临床症状】病初鸭精神不振，随之发生运动失调，跗关节着地，前后摇晃，有的坐在地上，有的倒卧在一侧，后期症状更加明显。病鸭很少活动，如受惊扰则行走动作不能控制，足向外弯曲难以行动，两翅展开，头颈震颤，最后呈侧卧瘫痪状态。病初雏鸭有食欲，当病鸭完全麻痹后则无法摄食和饮水，衰竭并相互踩踏死亡。

【病理变化】大脑水肿，其后半部有液囊，脑膜充血，并有浅黄绿色深浊的坏死区。肌胃内层有较多细小点状的白色病灶。脾脏稍肿大。小肠有轻度炎症。

【防治】传染性脑脊髓炎发生时无特效治疗药物。在发病严重地区种鸭产蛋前1个月接种禽脑脊髓炎油佐剂灭活疫苗。当雏鸭发病时，立即淘汰重病雏鸭，并做好消毒、隔离与综合防治措施，防止病原扩散。对全群注射脑脊髓炎高免卵黄抗体，同时使用中药，配合使用维生素C、复合维生素B、抗生素，连用5～7天可控制本病。

五、鸭黄病毒病

【病原】鸭黄病毒病，也叫鸭产蛋下降-死亡综合征，是一种由与坦布苏病毒亲缘关系非常接近的黄病毒引起的急性、高热性传染病，在临床上以感染成年蛋鸭、肉用种鸭并导致产蛋量极具下降、死亡及采食量减少为主要特征。

【临床症状】病鸭采食量突然下降，随之极速下降，通常在5～6天内产蛋下降至10%以下，甚至停产。部分感染鸭排绿色稀粪，趴卧或不愿走动，驱赶时出现共济失调，感染后期死亡率为5%～30%。临床上一般是鸭舍中的一栏或少数几栏首先出现采食量和产蛋量下降，1～2天后发展到整栋鸭舍，并迅速蔓延至整个鸭场。呼吸道、蚊虫等是鸭黄病毒病的重要传播途径。

【病理变化】病死鸭卵泡出血、萎缩，部分卵黄破裂，并形成卵黄性腹膜炎。对青年鸭、肉鸭则表现为心脏内外膜出血，发生纤维素性心包炎、肝周炎、气囊炎、脑炎，心包积液明显增多，心包膜增厚，有纤维素性渗出物，心包出现粘连。

【诊断】鸭患病时，首先要排除鸭流感，此时需要进行病毒分离和鉴定。但临床可以其发病特征作初步判断，以免造成更大损失。

【防治】本病发生时无特效治疗药物。可用抗病毒中药配合抗生素治疗，同时补充维生素和电解质，但预防本病更为重要的是要加强综合防治工作。

第一，加强饲养管理，提高鸭群健康水平，增强机体的抗病力。

第二，坚持自繁自养，需要引进种蛋或种雏时一定要严格检验，待证明确实无疫病感染后方可引入场内。

第三，鸭场要健全严格的防疫消毒制度，防止病原侵入，确保鸭群安全生产。

六、鸭副黏病毒病

【病原】鸭副黏病毒病是由副黏病毒引起的一种疾病，该病主要是无症状感染，很少引起重病。各种日龄的鸭均可感染，育种群和蛋鸭群感染较为重要，因为可导致产蛋量迅速下降，严重时可出现神经麻痹症状和引起死亡。

【临床症状】初期病鸭食欲减退，羽毛松乱，饮水量增加，缩颈，两腿无力，孤立一旁或瘫痪。羽毛缺乏油脂，易附着污物。开始排白色稀粪，中期粪便转红色，后期呈绿色或黑色。部分病鸭呼吸困难，甩头，口中有黏液蓄积。有些病鸭出现转圈或向后仰等神经病状。

【病理变化】肝、脾肿大，表面和实质有大小不等的白色坏死灶；十二指肠、空肠、回肠出血、坏死，结肠见豆粒大小溃疡。腺胃乳头与黏膜及肌胃交界处有出血；口腔黏液较多，喉头出血，食道黏膜有芝麻大小的灰白色或淡黄色结痂，易剥离。

【防治】①给鸭群立即接种鸭副黏病毒疫苗，每只肌内注射0.5～2毫升；②发生副黏病毒病时易并发大肠埃希氏菌病，应加强对大肠埃希氏菌病的预防和治疗；③鸭棚舍、用具、场地要彻底消毒（包括流动的水面）。

七、减蛋综合征

【病原】本病是由鸭的一种腺病毒引起的传染病，病毒主要侵害生殖系统，经繁殖、喉头和排粪时排毒。

【流行病学】本病主要发生于产蛋鸭群，其传染途径既可经蛋垂直传播，也可通过呼吸道、消化道水平传播。

【临床症状】病鸭一般无特殊症状，种鸭群在感染初期症状不明显，采食和外观无异常。后期则表现为精神沉抑，部分种鸭羽毛松乱，下痢。主要表现为开产日龄推迟，产蛋上升缓慢及不能达到高峰，或突然发生产蛋量的明显下降，比发病前正常产蛋量下降50％左右。种蛋合格率明显下降，产畸形蛋、薄壳蛋、破壳蛋，蛋壳表面粗糙，并布满石灰状物。畸形蛋蛋白、蛋黄正常。后来蛋形变小，蛋重变轻，蛋壳色泽变淡，蛋壳变薄、变软、粗糙。发病后期种鸭的采食量下降明显。

【病理变化】发病初期生殖系统无异常情况，后期其他脏器无明显变化，主要表现为卵巢萎缩、变小，子宫和输卵管黏膜出血和卡他性炎症，输卵管黏膜肥大增厚；腔内见白色渗出物或干酪样物；有的发病鸭输卵管萎缩，腺体水肿，染色可见单核细胞浸润，黏膜上皮细胞变性坏死，病理变化可见细胞核内有包含体。

【防治】本病应与禽流感、鹅传染性卵黄腹膜炎等传染病或由其他原因

（如饲养管理、饲料等）引起的产蛋下降相区别。首先对鸭群作必要的对症治疗，即饲喂环丙沙星等抗生素类药物，减少交叉感染；调整饲料配方，补充氨基酸、多种维生素以保持其营养平衡。并对同批种鸭群紧急接种禽腺病毒灭活苗，同时饲喂多维以减少应激，接种后观察蛋鸭的产蛋情况。如发现且治疗及时，则发病周期可控制在 3 周左右，且种鸭群生产性能恢复较好。但即使如此，鸭仍不能完全恢复到发病前的产蛋水平。

预防时 120 日龄蛋鸭用禽腺病毒灭活苗皮下注射，每羽 1 毫升。

本病发生时无特效药物治疗，因此要采取综合措施：①由于此病经垂直传播，因此要严格注意从非疫区引种，杜绝 EDS76 病毒的传入，坚决不能使用来自感染鸭群的种蛋。②病毒能在粪便中存活，具有抵抗力，因此要有合理有效的卫生管理措施，严格控制外人及野鸟进入鸭舍，以防疾病传播。③对肉用鸭采取"全进全出"的饲养方式，空鸭舍经全面清洁及消毒并空置一段时间后方可进鸭。④对种鸭采取鸭群净化措施，即将产蛋鸭所产的蛋孵化成雏后，分成若干小组，隔开饲养，每隔 6 周测定一次抗体水平，一般测定 10%～25% 的鸭，淘汰阳性鸭，直到 100% 阴性鸭继续养殖。⑤诊断本病还应注意鸭群有无合并感染鸭瘟、大肠埃希氏菌病、金黄色葡萄球菌病的情况，或注意有无发生某些有关营养缺乏的情况，如蛋氨酸、精氨酸、维生素 A、维生素 E 缺乏，也要注意有无受气候急剧变化的影响。

八、网状内皮组织增生症

【病原】该病病原是 C 型反录病毒属中的网状内皮组织增生症病毒群，为核糖核酸病毒。最早从患有肿瘤病的火鸡体内分离出 T 株网状内皮组织增生症病毒的原型，其后又从呼肠弧病毒病患鸭体内分离出 1 株病毒，将其命名为脾坏死病毒，简称 SN 株；从鸭传染性贫血病中分离出 1 株病毒，将其命名为鸭传染性贫血病毒，简称 DIA 株；从鸡中分离出的鸡合胞体病毒，简称 CS 株。这些病毒在血清学上都具有相关性，都是网状内皮组织增生症病毒群的成员，相互间没有严格的宿主特异性。

本病毒群在形态学上，与禽白血病肉瘤病毒群中的病毒相似，但无血清学的关系，后者可以感染鸭和火鸡。

本病毒群中的病毒有囊膜，对乙醚敏感，在 −70℃ 温度下可长期保存，在含 50% 甘油的肝乳剂中于 −56℃ 下传染性可维持 14 个月，在 4℃、24 小时传染性可降低，在 37℃、20 分钟传染性至少丧失 50%，在 37℃、1 小时传染性可丧失 99%。

病毒能在鸭、鸡、火鸡和鹌鹑的成纤维细胞上培养复制，以发芽方式从胞浆膜释放出来，在普通显微镜下看不到细胞病理变化。但在急性感染期，某些病毒可引起轻度可见的细胞变性，CS 株在鸡胚成纤维细胞上增殖可形成合胞体。病毒株在细胞内增殖，均可用荧光抗体技术直接或间接法加以证实，并用来鉴定病毒，还用来检测感染禽血清和卵黄中的特异性抗体。不同毒株之间的致病力有很大差异，强毒株经细胞培养传代后致病率可能会降低。

【流行病学】在自然条件下，健康鸭与病鸭同群饲养时可因接触而被传染。腹腔、肌内或皮下人工接种可引起感染，而通过口腔或鼻腔接种却很少引起感染。关于是否经卵传播，目前尚未得到证实。雏鸭较成年鸭易感。家鸭因自然感染而发病的较少见，其传染源可能来自野鸭，在美国曾从野鸭中检测出特异性抗体。

【临床症状】网状内皮组织增生症可分为急性和慢性两类。急性病例死亡很快，除精神萎靡外很少出现其他明显的临床症状。慢性病例体质衰弱，生长迟缓或停顿，羽毛稀少，全身性贫血，红细胞可由 240 万个减少到 160 万个，很少发现肢体麻痹等神经症状。

【病理变化】本病毒群可引起 3 种类型的病变，即内脏增生型、神经增生型和坏死病变型，每一病毒株主要引起一种类型的病变。例如，T 株主要引起内脏增生型病变；SN 株主要引起坏死性病变；DIA 和 T 株都可以引起贫血。各病毒株均可引起鸡和火鸡的神经性病变，但鸭却少见。

1. 内脏增生型　主要发生在肝脏和脾脏，其次是肠道。肝脏肿大，表面有斑驳状且呈白色的增生性病变。脾脏显著肿大，表面也有增生性病变，有时还有坏死性病变。肠道病变主要是肠壁增生性变厚，有网状细胞性浸润区和坏死性病变。

2. 神经增生型　在肝脏细胞浸润区经常见到浸润细胞沿神经纤维排列，有的神经水肿，并发生分离现象。

3. 坏死病变型　主要见于脾脏，还有大区域性出血。其次是肠道上皮组织坏死，上皮细胞脱落，残留溃疡灶，有时延伸至肌层。

【诊断】本病主要依靠病理变化、病毒分离与鉴定、血清学试验进行诊断。病理变化以组织增生、坏死和贫血为特征，但要与类似的淋巴肉瘤病毒群病相鉴别。

【防治】目前本病发生时尚无治疗方法，而且还没有疫苗进行免疫接种的报道，只有采取一般性的防疫消毒和卫生管理措施。

九、鸭痘

【病原】鸭痘病原为鸭痘病毒，其是禽痘病毒群中的一个新成员，目前对该病毒的生物学特性了解甚少。鸭痘发生的临床症状和病理变化与其他禽类的痘病相似。

【流行病学】各种日龄的鸭均可感染，雏鸭比成鸭更易感。

【临床症状】据 Rao 氏观察，该病分为皮肤型、口腔型和眼型 3 种不同的临床类型。其中，以皮肤型较多见，约占 90%，眼型约占 7%，口腔型约占 3%。病初鸭体温稍高，反应迟钝，食欲下降，产蛋鸭产蛋下降或完全停止。

1. 皮肤型 在鸭的嘴角和与喙连接处、眼睑上，均出现大小不等的结节状痘样疹，并经常汇集成较大的疣状结节。其他如跗关节以下的足部趾或蹼上，也会出现结节状痘样疹，这样的病例约占 3%。

2. 口腔型 最初在口腔黏膜上出现灰白色逗疹，在口角处有结节样疹，痘疹逐渐变黄，后期形成溃疡，经 10～15 天愈合，不形成假膜。

3. 眼型 病初眼角有水样分泌物，后来逐渐形成脓性结膜炎，常将上下眼睑粘在一起，严重时可导致一侧或两侧眼睛失明。

有时也出现皮肤型与眼型或口腔型的混合型鸭痘，病程为 3～4 周。雏鸭死亡率为 3%～7%，成鸭死亡率为 2%～4%。

【病理变化】一般情况下，发生鸭痘时的病变除化脓期与鸡痘各阶段相似外，其他各阶段痘样结节状病变干涸后成痂，痂脱落后留下一个暂时性的瘢痕。皮肤结节在上皮层发生坏死，破坏了正常的细胞结构；表皮下层细胞增生，个别细胞明显膨大似"气球"，这样的多数细胞有包含体。真皮下层基底部发生水肿，有异嗜性细胞和其他炎性细胞聚集。该处毛细血管扩张，充满血液。

【诊断】一般根据临床表现和病理变化可以作出诊断。为进一步确诊，可采集皮肤痘痂及病变组织送兽医检查部门作病毒分离和病理组织学检查。

【防治】本病发生时尚无有效的治疗方法，也无疫苗进行免疫接种。一旦发生后，为了预防细菌性继发感染，可用碘制剂涂擦局部。通常采取一般的综合性防治措施。

第二节　细菌性疾病的诊断与防治

一、鸭传染性浆膜炎

【病原】鸭传染性浆膜炎病原为鸭疫里氏杆菌，该菌为革兰氏阴性小杆菌，无芽孢，不能运动，纯培养菌落涂片可见到菌体呈单个、成对或丝状的大小不一的菌体。瑞氏染色有少数菌体两端浓染，墨汁负染有荚膜。最适合的培养基是巧克力琼脂平板培养基、鲜血琼脂平板、胰酶化酪蛋白大豆琼脂培养基等。根据琼脂扩散试验，该菌分为 8 个血清型，彼此间无交叉免疫保护。

【流行病学】在自然情况下，鸭传染性浆膜炎主要侵害 1～8 周龄的鸭，其中 2～3 周龄的小鸭最易感染，发病率达 90％以上，死亡率为 5％～75％，且一年四季都可发病，尤其是以秋末和冬、春季节为甚。本病主要经呼吸道或皮肤伤口等接触感染，育雏密度过大、空气不流通、鸭舍潮湿、舍温过冷或过热、饲料中维生素或微量元素缺乏、蛋白质水平过低等均易造成发病或引发并发症。该病广泛分布于世界各地，可给养鸭业造成巨大的经济损失。

【临床症状】最急性病例常无任何症状而突然死亡。急性病例精神沉郁，缩颈，嗜眠，腿软，不愿走动或行动迟缓，并伴有共济失调或抽搐等神经症状，食欲减退或不思饮食，眼有浆液性或黏液性分泌物，鼻孔中也有分泌物，粪便稀薄，呈绿色或黄绿色，部分雏鸭腹胀。死前有痉挛、摇头等神经症状，并呈角弓反张，病程一般为 1～2 天。4～7 周龄的雏鸭病程可达 1 周以上，呈急性或慢性经过，主要表现为精神沉郁，食欲减少，肢软卧地，不愿走动，常呈犬坐姿势，进而出现共济失调，痉挛性点头或摇头摆尾，前仰后翻，呈仰卧姿态。有的可见头颈歪斜，转圈，后退行走，消瘦，呼吸困难，最后衰竭死亡。

【病理变化】最明显的剖检病变为纤维素性心包炎、肝周炎、气囊炎、腹膜炎和脑膜炎，脾脏肿大，呈斑驳样。体表局部慢性感染病鸭在屠宰去毛后可见局部肿胀，表面粗糙，颜色发暗，切开后皮下组织出血，有多量渗出液。

【诊断】从患鸭的心、肝、脾及脑中分离到鸭疫里氏杆菌即可确诊。

【防治】①加强饲养管理，尽量减少或避免应激。

②对水域进行经常性消毒。

③鸭疫里默氏杆菌病常与鸭大肠埃希氏菌病混合感染，而且这两种细菌都有很多血清型，因此使用当地分离的鸭疫里默氏杆菌、大肠埃希氏菌菌株制备的灭活菌苗进行免疫接种，效果良好。

④鸭疫里氏杆菌和鸭大肠埃希氏菌容易产生耐药性，因此使用时应通过药敏试验筛选有效的治疗药物。这两种菌均对头孢噻呋、壮观霉素高度敏感，用安普霉素治疗的效果也不错。

二、鸭大肠埃希氏菌病

【病原】鸭大肠埃希氏菌病是指由致病性大肠埃希氏菌引起的鸭全身或局部感染性疾病，主要有大肠埃希氏菌败血症、腹膜炎、生殖道感染、脐炎、输卵管炎、气囊炎、蜂窝织炎等。

【流行病学】各种日龄的鸭都可感染发病，以2～6周龄多见，病鸭和带菌鸭是本病的主要传染源。鸭大肠埃希氏菌病的感染途径主要是呼吸道和消化道，还可通过伤口、生殖道、表面被污染的种蛋而传播，被该菌污染的饲料、饮水、尘埃、工具等均是传播媒介。本病一年四季均可发生，北方以寒冷的冬、春季多见。成年鸭和种鸭主要为零星发病死亡，商品肉鸭病死率可达50%左右。

【临床症状】卵黄囊炎及脐炎型发生在新出壳雏鸭，主要表现为脐部肿大、发炎，卵黄不吸收，腹部膨大，病鸭多在几日内死亡；眼炎型多见于1～2周龄雏鸭，结膜发炎，流泪，有的角膜混浊，眼有脓性分泌物，可粘合上下眼睑；败血型多见于1～2周龄幼鸭，病鸭常突然死亡，精神食欲下降，渴欲增加，羽毛蓬松，缩颈闭眼，腹泻，喜卧，有的出现呼吸道症状，眼、鼻常有分泌物流出，病程一般持续1～2天；浆膜炎型常见于2～6周龄的肉用雏鸭，患鸭精神、食欲均不佳，气喘，甩头，眼和鼻腔有浆液或黏液性分泌物，缩颈闭眼，嗜睡，部分病鸭有腹部膨大、下垂症状，病程2～7天；关节炎型多见于7～10日龄雏鸭，可见一侧或两侧跗关节肿胀，跛行，食欲下降，常在3～5天内死亡。此外，还有脑炎型——呈现神经症状；肉芽肿型——逐渐消瘦、腹泻；生殖器皮炎型等。产蛋母鸭的卵巢、卵和输卵管受到感染后，可导致卵黄性腹膜炎。本病于母鸭产蛋期间流行时，可使产蛋率下降，并发生死亡，死亡率为10%～20%。

【病理变化】鸭感染大肠埃希氏菌病后的病变随各型不同而有所不同，但比较典型的病变有心包炎、肝周炎和气囊炎。肝脏肿大，呈青铜色或土黄色，浆膜上有一层纤维素膜覆盖，有时有散在的坏死灶或出血点；气囊壁增厚、浑浊，表面有纤维素性渗出；心包粘连，心包囊内充满纤维素性渗出物。其余还有卵黄囊水肿增厚，卵黄吸收不良与变质，喙、蹼常干燥；关节肿胀发炎，内有纤维素性关节液；眼结膜炎病变；脑膜充血、出血；实质脏器黏膜及浆膜上有菜花样肉芽肿；生殖器官有炎症、变形、变性等。产蛋期病鸭输卵管常因感染大肠埃希氏菌而发炎，使输卵管伞部粘连，漏斗部的喇叭口在排卵时不能打开，卵泡因不能进入输卵管而掉入腹腔而引发本病。卵巢变形萎缩，卵黄出血、死亡。腹腔内卵黄存在时间较长时则凝成硬块，切面呈层状。

【防治】由于大肠埃希氏菌广泛存在于动物体的内、外环境中，因此对鸭大肠埃希氏菌病的防治应采取综合措施。①要做好种蛋孵化消毒工作。②对商品肉鸭必须保持良好的环境条件及其卫生，并采取全进全出制度。③由于大肠埃希氏菌血清型复杂，使用的疫苗应为混合血清型疫苗，因此最好能鉴定出本场大肠埃希氏菌血清型，进而使用相同型的疫苗进行免疫接种。④多种抗菌药对大肠埃希氏菌都有较好疗效，如头孢噻呋、壮观霉素、安普霉素等，但很容易产生抗药性，因此在预防时应定期轮换用药。另外，对由气囊炎、肝周炎、卵黄性腹膜炎等引起的较严重病变，使用抗生素治疗的效果很差。

三、禽霍乱

禽霍乱是一种侵害家禽和野禽的接触性疾病，又名禽巴氏杆菌病、禽出血性败血症。该病常呈现败血性症状，鸭感染后的发病率和死亡率很高，但也常出现慢性或良性病例。

【病原】禽霍乱病原多杀性巴氏杆菌是两端钝圆、中央微凸的短杆菌，长1~1.5微米，宽0.3~0.6微米，不形成芽孢，也无运动性。普通染料都可着色，革兰氏染色阴性。病料组织或体液涂片用瑞氏、姬姆萨氏或美蓝染色镜检，菌体多呈卵圆形，两端着色深，中央部分着色较浅，似并列的两个球菌，所以又叫两极杆菌。用培养物所作的涂片，两极着色则不那么明显。用印度墨汁等染料染色时，可看到清晰的荚膜。新分离的细菌其荚膜宽而厚，经过人工培养而发生变异的弱毒菌其荚膜狭窄且不完全。

多杀性巴氏杆菌为需氧兼性厌氧菌，在普通培养基上均可生长，但生长状态不佳，如添加少许血液或血清则生长良好。本菌在加有血清和血红蛋白的培养基上，于 37℃培养 18～24 小时，45°折射光线下检查，菌落呈明显的荧光反应。

多杀性巴氏杆菌对物理和化学因素的抵抗力比较弱。在培养基上保存时至少每月移植 2 次，在自然干燥的情况下会很快死亡。在 37℃下，保存在血液、猪肉及肝（脾）中，分别于 6 个月、7 天及 15 天死亡。在浅层的土壤中可存活 7～8 天，在粪便中可活 14 天。普通消毒药常用浓度对多杀性巴氏杆菌都有良好的消毒作用，如该菌在 1％石炭酸、1％漂白粉、5％石灰乳中几分钟至数十分钟死亡。日光对多杀性巴氏杆菌有强烈的杀菌作用，薄菌层暴露阳光下 10 分钟即被杀死。热对多杀性巴氏杆菌有很强的杀菌力，在 60℃的马丁肉汤培养基中加热 1 分钟即死。

【流行病学】发生禽霍乱时无明显的季节性，在我国北方地区，以春、秋季多发；在南方地区，以秋、冬季多发。气温较高、多雨潮湿、天气骤变、饲养管理不良等多种因素，都可促进本病的发生和流行。

病鸭、带菌鸭及其他病禽都是本病的传染源。被病鸭排泄物污染的场地、饲料和饮水，可经消化道传染；病鸭的分泌物中若含有细菌，也可通过飞沫传播，有时也可经伤口传染。30 日龄之内的雏鸭发病率较高，死亡率也高；成年鸭发病少，死亡率也低。断料、断水或突然改变饲料，都可使鸭对禽霍乱的易感性提高。

【临床症状】禽霍乱自然感染的潜伏期一般为 2～9 天，有时在进鸭后 48 小时内也会突然暴发病例，人工感染通常在 24～48 小时发病。由于机体抵抗力和病菌的致病力强弱不同，因此鸭发病时的表现症状亦有差异。一般分为最急性、急性和慢性 3 种病型。

①最急性型　常见于流行初期，以产蛋量高的鸭最常见。病鸭无前期症状，晚上一切正常，吃得很饱，但次日却因发病而死在鸭舍内。

②急性型　病鸭精神萎顿，不愿下水游泳，即使下水也行动缓慢，常落于鸭群的后面或独蹲一隅，闭目瞌睡。羽毛松乱，两翅下垂，缩头弯颈，食欲减少或不食，渴欲增加，嗉囊内积食不化。口和鼻中有黏液流出，呼吸困难，常张口呼吸，并常常摇头，试图排出积在喉头里的黏液，故禽霍乱有"摇头瘟"之称。病鸭排出腥臭的白色或铜绿色稀粪，有的粪便混有血液。有的病鸭发生气囊炎。病程稍长者可见局部关节肿胀，跛行或完全不能行走；有的病鸭掌部肿如核桃大小，有脓性和干酪样坏死。

③慢性型　由急性型转变而来，多见于疾病流行后期，以慢性肺炎、慢性呼吸道炎和慢性胃肠炎较多见。病鸭鼻孔有黏性分泌物流出，鼻窦肿大，喉头因积有分泌物而影响呼吸，经常腹泻。消瘦，精神萎顿。有的病鸭一侧或两侧下肢关节肿大，疼痛，脚趾麻痹，因而发生跛行。病程可拖至1个月以上，生长发育和产蛋量长期得不到恢复。

【病理变化】死于禽霍乱的鸭其心包内充满透明的橙黄色渗出物，心包膜、心冠脂肪有出血斑。多发性肺炎，间有气肿和出血。鼻腔黏膜充血或出血。肝脏略肿大，有针尖状出血点和灰白色坏死点。肠道以小肠前段和大肠黏膜充血、出血最为严重，小肠后段和盲肠病变程度较轻。雏鸭为多发性关节炎，关节面粗糙，附着黄色的干酪样物质或红色的肉芽组织。关节囊增厚，内含红色浆液或灰黄色、混浊的黏稠液体。肝脏发生脂肪变性和局部坏死。

【诊断】根据流行病学、剖检特征、临床症状可以作出初步诊断，确诊须进行实验室诊断。

【防治】加强鸭群的饲养管理，严格执行鸭场兽医卫生防疫措施，以栋舍为单位采取全进全出的饲养制度，从未发生本病的鸭场一般不进行疫苗接种。

鸭群发病时应立即采取治疗措施，有条件的地方应通过药敏试验选择有效药物全群给药，磺胺类药物、红霉素、庆大霉素、环丙沙星、恩诺沙星、安普霉素、头孢噻呋对禽霍乱均有较好的疗效。

对常发地区或鸭场，药物治疗效果日渐降低。本病发生时很难得到有效控制，可考虑应用疫苗进行预防。由于疫苗免疫期短，因此预防效果不十分理想。有条件的鸭场可在本场分离细菌，经鉴定合格后制作自家灭活疫苗，定期对鸭群进行注射。实践证明，用自家灭活疫苗经过 1～2 年的免疫，可有效控制禽霍乱。市场上使用效果较好的禽霍乱蜂胶灭活疫苗安全、可靠，0℃下可保存 2 年，易于注射，不影响产蛋，无毒副作用。

四、鸭衣原体病

【病原】鸭衣原体病是由鹦鹉衣原体引起的鸭类的一种接触性传染病，又称"鸟疫"，以流产、肺炎、肠炎、结膜炎、多发性关节炎、脑炎等多种临床症状为特征。衣原体属的微生物细小，呈球状，有细胞壁，含有 DNA 和 RNA。易被碱性染料着染，革兰氏染色阴性，用姬姆萨等染色着色良好。衣原体系专性细胞内寄生物，能在鸡胚和易感动物细胞内生长繁殖，并且具有特定的发育史。衣原体对高温的抵抗力不强，而在低温下则可存活较长时间，如在 4℃可存活 5 天，0℃可存活数周，在受感染的鸡胚卵黄囊中于－20℃可保存若干年，在严重感染的小鼠和禽类脏器组织中于－70℃可保存 4 年未丧失毒力。0.1％福尔马林、0.5％石碳酸在 24 小时内，70％酒精数分钟，3％过氧化氢片刻，均能将衣原体灭活。

【流行病学】患病或感染鸭可通过血液、鼻腔分泌物、粪便而排出大量病原体，污染水源和饲料等。健康鸭可经消化道、呼吸道、眼结膜、伤口和交配等感染衣原体，吸入有感染性的尘埃是衣原体感染的主要途径。一般来说，年龄较小的雏鸭比成年鸭易感，死亡率也高。

【临床症状】幼龄鸭患该病后常常死亡，成年鸭则症状轻微，康复后长期带菌。雏鸭眼和鼻流出浆液性或脓性分泌物，不食，腹泻，排淡绿色的水样稀粪。病初震颤，步态不稳，后期明显消瘦，常发生惊厥而死亡。雏鸭病死率一般较高，以5～7周龄鸭最为严重，成年鸭多为隐性经过。

【病理变化】 剖检病鸭时可发现气囊增厚，结膜炎、鼻炎、胸肌萎缩和全身性浆膜炎，常见浆液性或浆液纤维素性心包炎，肝、脾肿大，肝周炎，有时肝、脾上可见灰黄色坏死灶。胸腹腔浆膜面、心外膜和肠系膜上有纤维蛋白渗出物。如发生肠炎，则泄殖腔内容物中含有较多尿酸盐。

【防治】

1. 综合措施 杜绝引入传染源，阻断传播途径，保持鸭舍卫生，注意个人防护。

2. 免疫接种 用感染衣原体的卵黄囊制成灭活疫苗，对鸭可产生较好的预防效果。

3. 治疗 本病对青霉素和四环素类抗生素都较敏感，其中以四环素类的治疗效果最好。大群治疗时每千克饲料中添加四环素（金霉素或土霉素）0.4克，充分混合，连续饲喂1～3周，可以减轻临床症状，消除病鸭体内的病原。

五、鸭链球菌病

【病原】 鸭链球菌病的病原主要为兽疫链球菌，该菌在自然界分布较广，直径0.1～0.8微米，革兰氏染色阳性，在血液琼脂平板上生长良好。菌落无色透明，呈露珠状，可产生明显的β溶血。涂片镜检，病菌呈双排列或断链状，菌体有荚膜，能发酵山梨醇，不产生接触酶。在进行快速诊断时，本病与粪链球菌病具有鉴别意义。

【流行病学】 各种日龄的鸭均易感，发病率和死亡率一般较低。鸭舍地面潮湿、空气污浊、卫生条件差是本病发生的重要因素。中鸭和成年鸭可经皮肤外伤感染，而年龄较小的雏鸭多经脐带感染，也可经被污染的蛋和胚体垂直感染。本病多见于舍饲期饲养的鸭，无明显季节性。

【临床症状】鸭的日龄不同，其发病的临床症状也有所不同。

1. 雏鸭 体弱，缩颈闭眼，精神萎顿，食欲减少或废绝，羽毛松乱，呆立一旁，不愿走动，腹围膨胀，脐部炎肿，消瘦，嗜眠；腹泻，粪便呈绿色或灰白色或淡黄色；发病急、病程短，常因严重脱水或败血症死亡。

2. 中雏 多发生于10~30日龄的雏鸭，常呈急性败血症经过。临床表现为两肢软弱，步态蹒跚，驱赶时容易跌倒，食欲废绝，最后因全身痉挛而死。

3. 成年鸭 常见跗关节或趾关节肿胀，腹部下垂，不愿走动，在无其他临床症状的情况下突然死亡。

【病理变化】多表现为急性败血症的特点。实质器官出血较为严重，肝、脾肿大，表面可见局灶性密集的小出血点或出血斑，质地柔软。心包腔内积有淡黄色液体，即心包炎，也可能只有肝周炎和气囊炎，心冠脂肪、心内膜和心外膜可能有小的点状出血。肾脏肿大。出血肠道呈卡他性变化，有时有出血点。雏鸭常引起脐炎。慢性病鸭可能出现关节炎。

【诊断】鸭链球菌病很容易与鸭的其他急性传染病，如鸭霍乱、小鸭病毒性肝炎、小鸭传染性浆膜炎等相混淆。鸭霍乱主要引起种鸭和成年鸭的急性死亡。小鸭病毒性肝炎发病急，有"背脖"的神经症状，且用抗生素治疗无效。小鸭传染性浆膜炎主要以纤维素膜的形成为特点，且有"扭脖"和"转圈"的神经症状。这些可以帮助我们作出初步的鉴别诤断，但确诊要到当地兽医站（院）进行。生产中，鸭链球菌病与浆膜炎并发已属常见。

【治疗】鸭场中一旦发生链球菌病，可用抗生素（如青霉素、四环素、链霉素、新霉素、庆大霉索、卡那霉素、头孢类和复方新诺明）进行紧急治疗。

如使用可按每 50 千克饲料中加入 20 克复方新诺明，连续用药 3 天，一般可见效；或者可按每 50 千克饲料中加入 20 克新霉素，喂 3～5 天可有效控制病鸭死亡。

六、鸭变形杆菌病

鸭变形杆菌病是危害商品肉鸭、青年蛋鸭的主要传染病之一，近年来在我国广大的养鸭地区广泛存在，是造成小鸭死亡和胴体废弃的重要原因。

【病原】本病病原变形杆菌，为革兰氏阴性短杆菌，不形成芽孢，无运动性，呈单个、成双或呈短链状排列。瑞氏染色两极着染稍深。目前已报道该菌共有 21 个血清型。

【流行病学】

1. 易感日龄　1～7 周龄鸭对本病敏感，但 10～30 日龄雏鸭更易感。

2. 感染途径　本病主要经呼吸道感染，脚蹼刺种、肌内注射等途径也可引起鸭的发病死亡。

3. 发病率与死亡率　自然感染本病时的发病率一般为 20％～40％，有的可高达 70％，发病鸭死亡率为 5％～80％，感染耐过鸭多转为僵鸭或残鸭。不同品种的鸭其发病率和死亡率差异较大，一般以北京鸭、樱桃谷鸭和番鸭的发病率及死亡率较高。

4. 诱发因素　环境卫生差、饲养密度高、通风不良等均可诱发本病（条件性疾病）。

【临床症状】感染鸭临床表现为精神沉郁、蹲伏、缩颈、头颈歪斜、步态不稳和共济失调等神经症状（脑炎），粪便稀薄，呈绿色或黄绿色。随着病程的发展，部分病鸭转为僵鸭或残鸭，表现为生长不良，极度消瘦，瘫痪。

【病理变化】最明显的病理变化为纤维素性心包炎、肝周炎、气囊炎和脑膜炎。慢性感染病鸭在屠宰去毛后可见其体表局部肿胀，表面粗糙，颜色发暗，切开后皮下组织出血，有多量渗出液。

【诊断】

1. 临床诊断　根据该病典型的临床症状和剖检病变，结合流行病学特点，一般可初步诊断。

2. 实验室诊断

（1）荧光抗体技术　取病死鸭肝脏、脾脏或脑组织触片，用丙酮固定，然后用直接或间接免疫荧光抗体技术进行检测，可见组织触片中菌体周边荧光着染发亮，中央稍暗，呈散在分布或成簇排列。

（2）细菌分离鉴定　取病变组织接种于胰酶大豆琼脂平板或巧克力琼脂平板，置于 5%～10%CO_2 培养箱中，37℃培养 24 小时，可见表面光滑、稍突起且直径为 1～1.5 毫米的圆形露珠样小菌落，然后取典型菌落以标准阳性血清作玻片凝集试验或荧光抗体染色进行鉴定。

3. 类症鉴别　应注意本病在临床诊断上与雏鸭大肠埃希氏菌病、衣原体感染相区别。根据在麦康凯琼脂上能否生长可将本病和大肠埃希氏菌病进行区别，而衣原体在人工培养基上不生长。

【防治】

1. 管理措施　预防本病首先要改善育雏室的卫生条件，特别注意通风，保持舍内干燥，防寒及降低饲养密度，地面育雏要勤换垫料，做到"全进全出"，以便彻底消毒。

2. 药物防治　应根据细菌的药敏试验结果选用对鸭变形杆菌病敏感的抗菌药物进行预防和治疗。

3. 防治方案　氟苯尼考＋抗毒口服液或磺胺类药物＋抗毒口服液。一般使用 4 天，磺胺类药首次使用时加倍。

七、鸭坏死性肠炎

【病原】本病又称烂肠瘟，是坏死杆菌在鸭的肠道生长繁殖并产生毒素所引起的一种慢性传染病。

【流行病学】坏死杆菌广泛存在于自然界中，在土壤、泥塘、饲养场等处均可被发现，甚至常见于健康动物的肠道内。当鸭肠道黏膜损伤或被细菌、寄生虫感染时，黏膜可被破坏；或在鸭群饲养管理不良、鸭棚潮湿、鸭营养缺乏时最易诱发鸭坏死性肠炎。本病一年四季均可发生，但在潮湿、炎热的季节多发。发病多见于育成鸭或成年鸭。

【临床症状】病鸭精神萎靡，鸭体消瘦，排出腥臭味的黑褐色稀粪，肛门周围常粘有粪便。食欲下降，甚至废绝，有时见从病鸭口中吐出黑色液体。产蛋率急剧下降。

【病理变化】打开腹腔，恶腥臭气味便扑面而来。肠黏膜充血、水肿，肠壁增厚，严重者肠黏膜坏死，甚至肠壁穿孔。肠粘连，发黑。肾肿大。肝肿大，质脆。母鸭的输卵管内常有干酪样物质堆积。

【防治】治疗本病的首选药物是青霉素、甲硝唑、杆菌肽，另外可选用新霉素、红霉素等。在临床上往往采用多种药物交替使用的措施。对本病预防时主要加强饲养管理，以提高鸭的抗感染能力，同时做好鸭舍卫生和日常消毒工作。在多发季节，可用上述药物进行预防。

八、鸭传染性窦炎

【病原】鸭支原体可能是该病的主要病原。此外，还可以从某些病例的鼻窦中分离到A型流感病毒、大肠埃希氏菌、新城疫病毒等。后两者引发的疾病并不以窦炎为主，但可加重病情和死亡率。

【流行病学】各种日龄的鸭均可感染，但临床上以 1～3 周龄雏鸭感染多见，发病率可高达 80％。成年鸭较少发生。本病可经呼吸道感染，另一条感染途径可能是经种蛋发生的垂直传播。该病的发生与饲养管理条件有关。大部分鸭场发病率很低，甚至无明显的窦炎病例。少数鸭场内 1～3 周龄雏鸭呈较高的发病率，而且持续不断。仅被支原体感染时，很少发生死亡，而并发其他细菌和病毒感染时死亡率较高。

本病一年四季均可发生，但以春季和冬季多发，育雏舍温度太低、空气污浊、饲养密度过大等很容易导致本病的发生。

【临床症状】临床上较明显的症状是一侧或双侧眶下窦肿胀，形成隆起的鼓泡，触摸有波动感。感染初期，病鸭流鼻液，甩头或用爪抓挠鼻额部；随着病程的发展，一侧或两侧眶下窦积液、鼓胀。感染鸭生长发育稍慢。

【病理变化】本病明显的病理变化是眶下窦积有大量浆液性渗出液或脓性干酪性渗出物。其他脏器一般无肉眼可见的病理变化。

【诊断】根据临床症状，如眶下窦肿胀及剖检变化等可作出诊断，也可进行病原的分离鉴定。支原体培养须选用专用培养基，经过适当的培养可形成"煎蛋状"菌落，中心有脐状突起。怀疑有流感病毒或其他病菌时，应选用鸡胚和其他培养基进行分离培养。

【防治】

1. 预防　目前对本病的主要预防手段是加强饲养管理，如采取合理的饲养密度、良好的通风措施等。对于发生过本病的鸭合应进行彻底的消毒和空舍一定时间后再进雏饲养。

2. 治疗　用强力霉素、泰乐菌素、氟苯尼考等抗生素，同时可用抗病毒的中药配合治疗。

九、鸭葡萄球菌病

【病原】该病病原金黄色葡萄球菌，系革兰氏阳性球菌，显微镜下可见成对或呈葡萄串状存在，是鸭体表和周围环境的常在菌。当饲养环境不良（如垫料、围栏等刺伤体表或关节皮肤时）时，葡萄球菌侵入关节后可感染鸭。

【临床症状】本病可分为脐炎型、皮肤型、关节炎型和内脏型 4 种。

1. 脐炎型 经常发生于 7 日龄以内的雏鸭，其体质瘦弱，缩颈闭眼，不思饮食，卵黄吸收不良，腹围膨大，脐部发炎、肿胀，常因败血症死亡。

2. 皮肤型 经常发生于 3～10 周龄雏鸭，多因皮肤外伤感染，引起局灶坏死性炎症或腹部皮下炎性肿胀，皮肤呈蓝紫色，触诊皮下有液体波动感。病程稍长，皮下化脓坏死，引起全身性感染，食欲废绝，最后因体质衰竭而死。

3. 关节炎型 多见于体型较大的种鸭，如北京鸭种鸭、樱桃谷鸭种鸭等。病鸭关节肿大，行走跛行或不愿走动。早期触摸感染关节有热痛感，后期变硬。感染多发生于跗关节和跖趾关节，趾关节也可发生。

4. 内脏型 经常发生于成年鸭，病鸭表现为食欲减退，精神不振，有的腹部下垂，俗称"水裆"。

【病理变化】脐炎型病死雏鸭，其脐部常有坏死性病变，卵黄稀薄如水。皮肤型病死鸭，其皮下有出血性胶样浸润，液体呈黄棕色或棕褐色，也有坏死性病变。关节炎型病鸭，其关节部位明显肿大，关节腔有渗出液蓄积或纤维脓性渗出物。

【诊断】根据临床症状可对关节炎作出诊断，但要确定病原则需要进行细菌分离鉴定。

【防治】

1. 预防 改善饲养管理条件，减少环境对鸭体的损伤，如使用柔软而无刺伤性的垫料和围栏。保持鸭舍清洁和干燥，并定期消毒。为了预防雏鸭感染葡萄球菌，必须加强孵化室及其设备的消毒工作，保持种蛋清洁，减少粪便污染。做好育雏保温的管理工作，防止被吸血昆虫叮咬。经常做好更换垫草及消灭蚊蝇和体表寄生虫的工作。

2. 治疗 对鸭传染性窦炎敏感的药物有庆大霉素、红霉素、氟苯尼考、头孢噻呋等，但各地区鸭传染性窦炎的严重程度不同，对药物的敏感性也有不同，可根据当地情况选用。

十、鸭副伤寒病

【病原】 本病病原是沙门氏菌属的多种细菌，其中鼠沙门氏菌是引起鸭副伤寒病的主要菌种。沙门氏菌为革兰氏阴性菌，无芽孢，有鞭毛，能运动，能在多种培养基上生长。在琼脂培养基上培养时，菌落为圆形，微隆起，表面闪光，边缘光滑，直径为1～2毫米。

沙门氏菌对理化因子的抵抗力不强，60℃时加热5分钟即可死亡，对一般浓度的消毒药液均较敏感。但在自然界中却有较强的生命力，如在鸭粪和鸭舍中能存活6～7个月，在土壤中可存活9～10个月，在池塘中可存活4个月，在蛋壳上和孵化器里可存活3～4周，在鸭绒毛上可存活5年。

【流行病学】 在自然条件下，3周龄之内的雏鸭更易感染鸭副伤寒病，3月龄以上的鸭则很少感染。病鸭和带菌鸭是主要的传染源，其他动物，如鼠类也是一种重要的传染源。被细菌污染的场地、饲料、饮水、饲养工具及往来人员等，都可能是本病的传播途径。在鸭饲料中，特别是在鱼粉、肉粉和骨粉中曾检验出沙门氏菌，雏鸭在育雏阶段食入这种饲料很容易发病。

被细菌污染的种鸭蛋，在贮存或孵化过程中，若温度和湿度适宜，则蛋壳表面上的细菌会降低孵化率，使孵出的雏鸭带菌，弱雏增加，很容易造成大量雏鸭发病死亡，这是一种经种蛋传播的途径。孵化器很容易被病雏和带菌的鸭绒毛污染，进而污染孵化室的空气、人员、物品等。易感雏鸭可以经空气感染，也可以与人员、物品接触而感染，从而造成本病的发生和流行。

【临床症状】本病可分为急性、慢性和隐性 3 种类型。潜伏期一般为 10～20 小时，少数病例潜伏期较长。

1. **急性型**　经常发生在 3 周龄以内的雏鸭。1 日龄雏鸭感染后，身体变软，绒毛松乱，两翅下垂，缩颈呆立，下痢腥臭，泄殖口周围绒毛有尿酸盐黏附，常见腹部膨大，触诊较硬，卵黄吸收不全，脐部红肿。病程 1～3 天，常因急性败血症死亡，有些雏鸭因瘦弱脱水而死亡。2～3 周龄的雏鸭感染后，精神萎靡，不思饮食，呆立一旁，不愿活动，两翅下垂，两眼流泪或有黏性分泌物。常见下痢、颤抖和共济失调，最后常因抽搐、角弓反张而死，病程一般 3～5 天。

2. **慢性型**　经常发生在 1 月龄左右的雏鸭和中鸭中。病鸭精神不振，食欲降低，粪便稀软，严重时下痢带血，逐渐消瘦，羽毛松乱，也有表现张口喘气等呼吸困难的症状，有些病鸭出现关节肿胀、跛行等症状。通常死亡率不高，在有其他病原菌继发感染的情况下，可加重病情，造成不同程度的死亡。

3. **隐性型**　是指成年鸭在感染沙门氏菌后，不表现任何临床症状，呈隐性感染状态。这种带菌的成年鸭，经常通过粪便排菌，污染环境，从而导致本病的传播流行。

【病理变化】刚出壳不久而死亡的雏鸭，大都是因卵黄吸收不全、脐部发炎所致。肠黏膜呈现卡他性或出血性炎症，肝脏稍肿大、淤血。死亡的较大日龄雏鸭，其肝脏肿大、充血，表面有黄灰色小点状坏死灶。胆囊肿大，囊内积有大量黏稠的胆汁。脾脏也有明显肿大，呈斑驳花纹状。小肠后段和直肠肿胀，肠黏膜呈卡他性或出血性炎症；特征性病变是盲肠肿大 1～2 倍，呈斑驳花纹状，肠内有干酪样团块物质。其他病变还有心包炎、心包积液。肾脏发白，含有尿酸盐。气囊混浊，常附有黄白色纤维素性物质。有时出现肺炎、肺水肿、腹膜炎和卵巢炎等症状。

【诊断】根据流行病学、临床症状和病理变化综合分析，可作出初步诊断。如若确诊，必须进行细菌学检验。

1. 细菌培养 取病死雏鸭的肝、脾或心脏血液，接种在一般琼脂培养基或蛋白胨大豆琼脂培养基上，培养 24 小时后观察菌落特点。

2. 凝集试验 用已知沙门氏菌多价 O 型抗血清与上述菌种稀释液进行玻片凝集反应，若为阳性反应则证明为沙门氏菌感染。

3. 生化试验 用上述菌种进行生化试验，根据葡萄糖、麦芽糖和甘露醇产酸不产气及不发酵乳糖、蔗糖等特点即可确诊。

【防治】

1. 预防 采取如下综合性预防措施，能收到良好的效果。

（1）防止蛋壳污染 保持产蛋箱内的清洁卫生，要经常更换垫草。每天及时拣蛋，做到箱内不存蛋。将每天的种蛋及时分类、消毒后入库。蛋库的温度为 12℃，相对湿度为 75%，要做到经常性消毒，种蛋入孵前再进行 1 次消毒，做到室内无病毒、无细菌，同时保持蛋库清洁卫生。

（2）防止雏鸭感染 接运雏鸭用的箱具、车辆要严格消毒；在进雏前，对育雏舍地面、空间和垫草进行彻底的消毒；雏鸭料和饮水中要加入适量的抗菌药；消灭鼠类和蚊蝇，防止麻雀等飞鸟进入育雏舍。

（3）加强雏鸭阶段的饲养管理　育雏舍内要铺垫干燥、清洁的褥草，要有足够数量的饮水器和料槽。舍内温度在雏鸭1周龄时要保持28~30℃，以后每增加1周龄温度下降2℃。不要将雏鸭与成年鸭或中鸭同栏饲养。冬季要注意防寒保暖，夏季要避免舍内进入雨水，防止地面潮湿。

2. 治疗　喹诺酮类、氟苯尼考、头孢类、强力霉素等，对本病都有良好的疗效，用药量和投药途径可依据病情而定。

第一，在鸭群病情较轻、食欲正常的情况下，可选用1~2种药物，按治疗量拌入饲料中饲喂。

第二，在鸭群病情较重、食欲降低或废绝、病鸭已有陆续死亡的情况下，可用庆大霉素等注射，大群好转后用药拌料饲喂。

第三节　鸭真菌性疾病的诊断与防治

一、鸭曲霉菌病

【病原】鸭曲霉菌病是鸭的一种常见真菌病，又名霉菌性肺炎。一般最常见而且致病性最强的为烟曲霉菌，其孢子在自然界中分布较广泛，常污染垫草及饲料。除此之外，也可能由其他曲霉菌引起感染，如黄曲霉、黑曲霉及构巢曲霉等。

曲霉菌在察氏或萨布罗氏琼脂培养基上很容易生长，最适生长温度为37~40℃。起初菌落是绿色乃至蓝绿色，随着培养时间的延长而颜色变暗，接近黑色，从天鹅绒状到羊毛状不等。

致病性曲霉菌能产生蛋白溶解酶和具有溶血特性的内毒素，曲霉菌能用乳酸复红、美蓝或乳酸苯酚棉蓝液染色。

鸭曲霉菌病病原体对外界具有显著的抵抗力。干热120℃、1小时，或煮沸5分钟方可将其杀死；消毒药，如2.5%福尔马林、水杨酸、碘酊需经1～3小时方能将其灭活。

【流行病学】鸭对曲霉菌有易感性，特别是雏鸭更易感染。当温度和湿度适合时，曲霉菌大量增殖，经呼吸道感染鸭，但是经消化道感染的可能性也不能排除。此外，本病也可经被污染的孵化器传播，雏鸭孵出后1日龄即可患病，出现呼吸道症状。

【临床症状】本病潜伏期3～10天。急性病例发病后2～3日内死亡，主要发生于雏鸭。病雏食欲减少或不食；精神不振，眼半闭；呼吸困难，加快，喘气，常伸颈张口呼吸；口腔与鼻腔常流出浆液性分泌物；当气囊有损害时，呼吸会发出干性的、特殊的沙哑声；口渴，不爱活动，羽毛蓬乱无光；常见胃肠道活动紊乱症状，下痢，急剧消瘦和死亡，死亡率可达50%～100%。慢性型症状不明显，主要呈现阵发性喘气，食欲不良，下痢，逐渐消瘦，最后死亡。

【病理变化】急性死亡病例，其肺和气囊有大小不等的灰黄色或乳白色小结节，鼻喉、气管、支气管黏膜充血，有灰白色渗出物，肝脏淤血和脂肪变性。慢性型病例见支气管肺炎变化。肺实质中有大量灰黄色结节，切面呈干酪样团块，这种结节在胸部的气囊也可见到。部分胸部气囊和腹部气囊膜上有厚为2～5毫米圆碟状、中央凹的霉菌菌落或称霉菌斑，有时被纤维素浸润，并呈灰绿色或浅绿色粉状物。此菌落见于鼻腔、眶下窦、喉、气管和胸腹腔浆膜。肠黏膜充血，有时见腹膜炎。

【诊断】根据流行病学调查、临床症状、病理变化等检查，方可确诊。

【防治】

1. 预防

（1）注意加强饲养管理，做好环境卫生，特别是做好鸭舍通风和防潮措施。

（2）不用发霉的垫草，给雏鸭禁喂发霉的饲料。

（3）鸭舍可用0.5％新洁尔灭和0.5％～1％的甲醛溶液消毒。

（4）孵化前或已入孵鸭蛋应在12小时内用福尔马林溶液熏蒸消毒，以杀灭孵化器和蛋壳表面的霉菌或霉菌孢子及其他细菌和病毒，提高雏鸭的成活率。

（5）如果鸭群已被污染发病，则应及时隔离病鸭，清除垫草和更换饲料，消毒鸭舍，并在饲料中加入0.1％硫酸铜溶液，以防再发病。

（6）南方放牧鸭群发病后应更换牧地。

2. 治疗　本病无特效疗法，用制霉菌素气溶胶吸入可能有较好的防治效果；或在饲料中拌入制霉菌素，按每80只雏鸭1次用50万单位，每天2次，连用3天。口服碘化钾有一定的疗效，每升饮水中加碘化钾5～10克。

二、黄曲霉毒素中毒病

【病原】黄曲霉毒素中毒病是由黄曲霉所产生的毒素而引起的一种黄曲霉毒素中毒病。自然界中的黄曲霉毒素有多种，如黄曲霉毒素 B_1、黄曲霉毒素 B_2、黄曲霉毒素 B_3、黄曲霉毒素 B_2a、黄曲霉毒素 G_1、黄曲霉毒素 G_2 等。其中，以黄曲霉毒素 B_1、黄曲霉毒素 B_2、黄曲霉毒素 G_1、黄曲霉毒素 G_2 这4种在自然界中存在最为广泛，而又以黄曲霉毒素 B_1 产生最多、毒性最强，黄曲霉毒素 G_1 次之。产生黄曲霉毒素的必要条件是：有合适的培养基（如花生、麸皮、玉米、干草、稻草），有适宜的温度和湿度，以及适当的培养时间等。

黄曲霉毒素是已经发现的各种真菌毒素中最稳定的一种毒素，不易被高温、强酸、紫外线破坏，加热至 268~269℃时才开始分解。强碱和 5‰ 次氯酸钠，可完全破坏黄曲霉毒素 B_1。在高压锅中，120℃维持 2 小时毒素仍存在。

【流行病学】家禽对黄曲霉毒素很敏感，容易发生中毒，引起发病和死亡。而家禽中又以雏鸭和火鸡最为敏感。不同日龄的鸭对黄曲霉毒素的敏感性也不同，雏鸭比成年鸭更易敏感。

【临床症状】病鸭中毒后的最初症状为采食量减少，生长缓慢，羽毛脱落，常见跛行，腿和趾部出现紫色出血斑点。雏鸭死前常见共济失调，抽搐。死时呈角弓反张，死亡率可达 100%。

【病理变化】在较大的雏鸭皮下有胶样渗出物，腿部和蹼有严重的皮下出血。肝脏的病变常是中毒症的明显标志。因黄曲霉毒素中毒而死亡的 1 周龄新生雏鸭，其肝脏肿大，色发灰；肾脏苍白、肿大，或有小出血点；胰腺也可能有出血点。3 周龄以上的雏鸭肝脏病理变化明显，整个肝脏由于网状结构而呈苍白色，有肝萎缩与肝硬化，较大的鸭尚可见心包积液和腹水。此外，可见肾脏肿胀、出血，胰腺出血。

【诊断】可根据临床症状和病理变化进行初步诊断，但确诊还需用可疑饲料饲喂 1 日龄雏鸭，进行黄曲霉毒素的生物鉴定。

【防治】本病发生时无有效治疗药物。一旦更换掉含有黄曲霉毒素的饲料和饲草后，鸭很快即停止发病和死亡。预防应注意加强饲料的保管工作，尤其是在温暖的多雨季节更应注意防止饲料发生霉变，防止黄曲霉毒素的生成。

第九章

鸭寄生虫病的诊断与防治

一、鸭球虫病

【病原】鸭球虫属孢子虫纲、球虫目、艾美耳科。家鸭球虫有 10 个种，分属 3 个属，即艾美耳属、泰泽属和温扬属。我国主要有毁灭泰泽球虫和菲莱氏温扬球虫，前者有较强的致病力，后者的致病力弱。这两种球虫均寄生于小肠。鸭吞食了存在于土壤、饲料和饮水等外界环境中的孢子化卵囊后可造成感染。卵囊在肠道内需经两个发育阶段，即裂殖生殖阶段和配子生殖阶段。卵囊经肠道排出后，在外界环境完成孢子化生殖阶段，即发育成孢子化卵囊，鸭吃到后方能致病。

【流行病学】鸭球虫病是通过被病鸭或带虫鸭粪便污染的土壤、饲料、饮水或用具等而传播的，饲养管理人员也可能成为球虫卵囊的机械性传播者。

毁灭泰泽球虫卵囊的抵抗力较弱，在外界发育成孢子化卵囊所需的适宜温度为 20～28℃，最适温度为 26℃；在 0℃ 和 40℃ 时，卵囊停止发育。菲莱氏温扬球虫卵囊的抵抗力较强，在外界发育成孢子化卵囊所需的适宜温度为 20～30℃，最适温度为 26～28℃；在 9℃ 和 40℃ 时，卵囊停止发育。

鸭球虫与其他禽类的球虫一样，具有明显的宿主特异性，只能感染鸭；同样，其他禽类的球虫也不能感染鸭。各种日龄的鸭均有易感性。雏鸭发病严重，死亡率高。饲养方式不同，鸭球虫病发病时鸭的日龄也不同。网上育雏因鸭不接触地面和粪便而不易发病，常于下网接触地面后 4～5 天暴发球虫病。如果常年在地面饲养，则鸭的发病日龄无规律。但发病与季节有密切关系，鸭球虫病在温度和湿度适宜的梅雨季节高发。

【临床症状】急性型在感染后第 4 天精神萎靡，缩颈，无食欲，喜卧，渴欲增加，排暗红色或巧克力色血便，多于第 5 天死亡。第 6 天以后，逐渐恢复食欲，死亡停止，但生长速度缓慢。慢性型一般不表现症状，偶见下痢，成为散播疾病的传染源。

【病理变化】毁灭泰泽球虫对鸭的危害性严重。急性型呈严重的出血性卡他性小肠炎，肠壁肿胀，肠黏膜上覆盖着一层糠麸状黏液，有淡红或深红色胶冻样血性黏液。菲莱氏温扬球虫的致病力不强，肉眼变化见回肠后部和直肠轻度充血，偶尔在回肠后部黏膜上有散在的出血点，直肠黏膜红肿。

【诊断】急性死亡的雏鸭可根据病理变化和镜检肠黏膜涂片作出诊断。

从病死鸭的肠道病变部位刮取少量黏膜，放在载玻片上，用1～2滴生理盐水调和均匀，加盖玻片用高倍显微镜检查；或取少量黏膜做成涂片，用瑞氏或姬姆萨液染色，在高倍镜下检查，如见有大量裂殖体和裂殖子即可确诊。

在无显微镜的条件下，可根据流行病学资料，如从发病日龄、季节、下网后4～5天突然暴病死亡等方面考虑。临床症状注意渴欲增加，排暗红色或巧克力色血便。病理解剖可见肠壁肿胀，肠黏膜上覆盖着一层糠麸状黏液，有淡红或深红色胶冻样血性黏液，而肝脏无出血或坏死病变，即可作出诊断。

【防治】

1. 预防 要注意改善鸭舍的环境卫生状况，特别是注意鸭舍卫生，如勤换垫草，地面垫新土，并尽可能保持干燥，清除粪便，堆肥发酵，保持饲养与饮水设施的清洁卫生。防止饲养人员窜圈，谢绝外场人员参观，以免带进球虫卵囊。

2. 治疗 用磺胺氯吡嗪钠、地克珠利、妥曲珠利等治疗。

二、雏鸭鸟蛇线虫病

【病原】雏鸭鸟蛇线虫病也叫鸭丝虫病，是由鸟蛇线虫所引起的一种寄生虫病。

我国有两种鸟蛇线虫，即台湾鸟蛇线虫和四川鸟蛇线虫，它们的中间宿主均为剑水蚤，成虫寄生于鸭的皮下结缔组织形成瘤样肿胀。

【流行病学】该病主要发生于幼龄鸭，而成年鸭不发病，一般秋季发病多，发病率与死亡率都很高。

【临床症状】台湾鸟蛇线虫主要侵害 2～8 周龄鸭，潜伏期为 1 周。病鸭消瘦，下颌部和腿部皮下有小指头至拇指头大小的瘤样肿胀。下颌肿胀较为明显，初期柔软后期变硬，悬垂下颌，肿胀逐渐增大，压迫腮、咽喉部及邻近的气管、食道、神经、血管等，引起呼吸和吞咽困难，声音嘶哑。如果寄生于腿部皮下，则引起步行走障碍。危及眼时，可导致失明，并因采食不饱，发育受阻。雏鸭多在症状出现后 10～20 天死亡。

【病理变化】四川鸟蛇线虫侵害幼鸭后，以下颌和两肢出现瘤样病灶最多，其次是眼、颈、额顶、颊、嗉囊、胸、腹及肛门周围等处，凡是接触水的部位均有病灶出现。

【诊断】可根据下述三方面的情况进行综合判断：

1. 观察临床症状　在鸭的皮下结缔组织，尤其是下颌及腿部出现明显的瘤样肿胀，根据下颌是否有瘤状物悬垂可判断。瘤样肿胀压迫呼吸器官而引起呼吸困难。

2. 剖检病死幼鸭　在鸭下颌、大腿皮下等处的肿胀内能检出虫体。

3. 检查粪便　采用饱和盐水漂浮法检查粪便，若发现大量虫体则可确诊。

【防治】

1. 台湾鸟蛇线虫病　用 0.5％高锰酸钾溶液注入患部，将肿胀部注满为止。多数 1 次，个别 2 次，通常 2 天可见肿胀萎缩，治愈率为 98.2％。此外，也可用盐酸左旋咪唑，每千克体重用 40 毫克配成 10％的水溶液，逐只喂服，每天 2 次，连服 2 天。

2. 四川鸟蛇线虫病 用 1% 四咪唑，下颌 0.2～0.5 毫升、腿部 0.1～0.2 毫升直接注入病灶，3 小时后成虫和微丝蚴会全部死亡，5～12 天肿胀消失。

对鸭舍和运动场要定期清扫和消毒，及时将鸭粪清除，并堆积发酵处理，不要到有中间宿主的水域放牧。在发病的鸭场，对鸭进行预防性和治疗性驱虫可控制本病的发生。

三、棘头虫病

【病原】棘头虫病是由线形动物门棘头虫纲的棘头虫引起的一种疾病。鸭的棘头虫病可由数种棘头虫引起，常由大多形棘头虫、小多形棘头虫和鸭细颈棘头虫引起。虫体呈长圆柱状、纺锤形和半圆形。前端有一吻突，吻突上又有小钩或棘，故称棘头虫。棘头虫的发育需要中间宿主参加。随粪便被排到外界的虫卵，被中间宿主河虾类所吞食，经过 2 个月左右发育成为侵袭性幼虫。鸭吞食了含有侵袭性幼虫的虾而感染，约经 1 个月侵袭性幼虫发育为成虫。棘头虫分布在我国的广东、四川、贵州及台湾等地。

【病理变化】棘头虫寄生于鸭的小肠，以其吻突牢固地附着在肠黏膜上，引起卡他性炎症。有时吻突埋入黏膜深部，穿过肠壁，甚至造成肠壁穿孔，并继发腹膜炎，引起化脓性炎症。大量感染时可引起幼龄鸭的死亡。剖检时在肠道的浆膜面上可看到凸出的黄白色小结节。

【诊断】生前诊断可根据当地流行病学情况，如是否有适合的中间宿主，以及临床症状、粪便检查结果进行综合判断。粪便检查可采用离心沉淀法或离心漂浮法，如找到虫卵则可确诊。病鸭死亡后可做病理剖检，在小肠壁上找到大量虫体即可确诊。

【防治】

第一，选择没有中间宿主的水源养鸭，雏鸭与成年鸭应分群饲养。新购进的鸭群应先进行粪便检查，有虫时进行驱虫，并对所排粪便作堆肥处理。

第二，用四氯化碳驱虫治疗，按每千克体重 0.5 毫升用小胶管灌服。

四、鸭绦虫病

【病原】 鸭绦虫病是由某些绦虫寄生于鸭的小肠内引起的疾病。引起本病的剑带绦虫主要为矛形剑带绦虫，膜壳绦虫主要为冠状膜壳绦虫，皱褶绦虫主要为片形皱褶绦虫。

【流行病学】 成虫寄生于鸭的小肠内。孕节或卵随粪便排出体外，在水中被中间宿主剑水蚤吞食后，逸出六钩蚴并逐渐发育为似囊尾蚴，鸭因吞食含似囊尾蚴的剑水蚤而感染。在鸭消化道内剑水蚤被消化，似囊尾蚴在小肠内翻出头节，固着于肠黏膜上，逐渐发育为成虫。此外，某些淡水螺蛳可以作为某些膜壳绦虫的保虫宿主，鸭吞食这种带虫的螺蛳也可以感染。

【临床症状】 成年鸭轻度感染，症状不明显。雏鸭严重感染时排出恶臭的稀粪，并混有黏液，有的病鸭下痢与便秘交替出现；精神沉郁，消瘦，贫血，生长发育迟滞；有神经症状，如行走不稳、运动时尾部着地、歪颈仰头、背卧或侧卧时两脚做划水动作等。雏鸭感染发病时常引起大群死亡。肛门周围往往粘有多量粪污。本病世界各地均有发生，在气候温暖、水域广阔的地区多发。

【病理变化】 小肠内可发现绦虫虫体，其头节固着的肠黏膜有程度不同的发炎和出血等变化。

【诊断】 根据流行情况和临床症状，病理剖检在肠道内查找虫体可进行诊断。

【防治】雏鸭要与成年鸭分群饲养，并在安全的水域中放牧。如果没有确实安全的水域，3 月龄内的雏鸭最好舍饲。每年进行两次预防性驱虫，一次在春季鸭群下水前，一次在秋季终止放牧 2～3 周后。不要在不流动的、浅的死水域放牧鸭群，这种水域利于中间宿主孳生。粪便应堆积发酵，经生物热杀灭虫卵后再用作肥料，以防病原散播。阿苯达唑，10 克/千克，混于潮湿的饲料中饲喂，作群体驱虫；亦可制成丸剂投喂，作个体驱虫。病鸭应断食 12 小时后于清晨给药。

第十章

鸭内科疾病及其他杂症的诊断与防治

第一节 鸭营养性疾病的诊断与防治

目前约有 40 种营养物质，是鸭体维持生命、生长发育和繁殖所必需的，如果配合日粮中缺乏，鸭就会发生营养缺乏症。同时，日粮中含有的颉颃物质破坏或阻碍营养物质的吸收和利用时鸭也会发生营养缺乏症。若过多地加喂了某种营养物质，也能使鸭发生代谢病或中毒病。总之，因营养因素而发生的病，统称为营养性疾病。

鸭体所必需的营养物质，包括蛋白质、脂肪、碳水化合物、维生素、无机物和水六大类。其中，经常缺乏的营养有蛋白质、维生素和无机盐三类。

营养性疾病是鸭的一类常见病，轻者影响鸭的生长发育和繁殖，造成产蛋量减少；重者可造成严重死亡，给养鸭带来巨大的经济损失。

一、蛋白质缺乏症

鸭的各种组织器官、血液、羽毛、蛋等，主要由蛋白质组成，其他如参与新陈代谢的酶、激素及参与机体免疫的抗体物质，也主要由蛋白质组成。因此，在鸭的配合日粮中，蛋白质是不可缺少的物质，但也不可过量添加。

【病因】蛋白质缺乏症是由于饲料中蛋白质缺乏或部分必需氨基酸缺乏或不平衡所引起的一类疾病。有如下几种或一种情况时，均会发生蛋白质缺乏症。

第一，在配合日粮中，蛋白质含量水平太低，特别是动物性蛋白质不足，不能满足鸭体的需要。

第二，日粮中蛋白质含量水平虽然在理论上达到标准，但因其品质较差，所以也不能满足机体需要。如果饲料霉变或含有毒素，还会引起相应的疾病。

第三，缺乏蛋氨酸、赖氨酸和色氨酸这 3 种氨基酸的任何一种，鸭都会发生相关的蛋白质缺乏症。

第四，鸭群患有慢性消化不良或有其他胃肠炎等疾病时，消化吸收率降低，也会发生蛋白质缺乏症。

【临床症状】蛋白质缺乏，会导致鸭的生长发育缓慢，逐渐消瘦，体重下降，产蛋量减少，蛋重和蛋品质降低。另外，各种氨基酸缺乏也会引起一些不同的症状。

第一，赖氨酸缺乏时，鸭生长发育停滞，体质消瘦，骨质钙化不良，皮下脂肪减少。

第二，蛋氨酸缺乏时，鸭生长发育不良，肌肉萎缩，羽毛无光泽，肝、肾机能不全，使胆碱或维生素 B_{12} 缺乏症更为严重。

第三，甘氨酸缺乏时，羽毛生长发育不良，出现肢体麻痹，活动迟缓。

第四，缬氨酸缺乏时，鸭生长发育停滞，出现运动失调的症状。

第五，苯丙氨酸缺乏时，甲状腺和肾上腺机能受到损害，腺体分泌受阻，出现相应疾病。

第六，精氨酸缺乏时，公鸭精子生成受到抑制，失去配种能力，生长发育受阻，体重很快下降，翅羽向上卷曲。

第七，色氨酸缺乏时，鸭生长发育受阻，也是引起滑腱症的原因之一。

【防治】经常观察鸭群，注意类似病症的鉴别，日粮中及时补充蛋白质或添加某种必需氨基酸。

二、维生素 A 缺乏症

维生素 A 又称抗干眼醇，属于脂溶性维生素，是鸭生长发育必需的营养物质，其主要功能是维持眼睛在黑暗情况下的视力。

【病因】饲料中维生素 A 或胡萝卜素不足或缺乏是该病的原发性病因。30 日龄以内雏鸭发生缺乏症是由于产蛋种母鸭日粮中缺乏维生素 A 所致。当产蛋种母鸭日粮中缺乏维生素 A 时，雏鸭出壳后 7～14 日龄便开始出现症状。若产蛋种母鸭日粮中含有充足的维生素 A，则雏鸭出壳后极少发病。日龄较大的雏鸭和初产母鸭也常发病，与日粮中缺乏维生素 A 有关。一般的青绿饲料，如豆科绿叶、绿色蔬菜、水生青草、胡萝卜及黄玉米中胡萝卜素含量丰富。长期饲喂谷类（黄玉米除外）及其加工副产品，又不注意添加青饲料和维生素 A，鸭极易发生维生素 A 缺乏病。饲料贮存不当、存放时间过久、陈旧变质，均可使胡萝卜素遭受破坏。长期饲用这样的饲料，鸭极易发生维生素 A 的缺乏。鸭群运动不足、饲料中缺乏矿物质、不良的饲料管理及患有消化道疾病，也是促使鸭群发生本病的重要原因。

【临床症状】病雏鸭生长发育严重受阻，增重缓慢甚至停止；精神倦怠，衰弱，消瘦，羽毛蓬乱，从鼻孔流出的黏稠鼻液常堵塞鼻腔而使鸭张口呼吸；运动无力，行走蹒跚，继而发生轻瘫甚至完全瘫痪；喙部和小腿部的黄色素退色、变淡。典型症状是从眼睛流出一种牛乳状的渗出物，上、下眼睑被渗出物粘住，眼结膜浑浊、不透明。病情严重时，鸭眼内蓄积大块白色的干酪样物质，眼角膜甚至发生软化和穿孔，最后造成失明。一般情况下，病鸭生长停滞，精神萎靡，身体瘦弱，走路不稳，羽毛松乱，喙和小腿部皮肤的黄色消失，运动无力。如果不及时进行治疗，死亡率较高。

种鸭维生素 A 缺乏时，除出现上述眼睛的病变外，产蛋量显著下降，蛋黄颜色变淡，出雏率下降，死胚率增加，脚蹼、喙部的黄色变淡，甚至完全消失而呈苍白色。此外，种公鸭性机能衰退。

【病理变化】 鼻道、口腔、咽、食管以至嗉囊的黏膜表面有数量很多的白色小疱状结节，且不易剥落，肉眼不易发现。随着病情的发展，结节病灶增大，并融合成一层灰黄白色的假膜覆盖在黏膜表面，剥落后不出血。病雏鸭假膜呈索状，与食道黏膜纵皱褶平行，轻轻刮去假膜则黏膜变薄，光滑，呈苍白色。在食道黏膜小溃疡病灶周围及表面有炎症渗出物。肾呈灰白色，并被纤细白绒样网状物覆盖，肾小管充满白色尿酸盐。输尿管极度扩张，管内蓄积白色尿酸盐沉淀物。心脏、肝、脾表面均有尿酸盐沉积。

【防治】

1. 预防 保证日粮中有足够的维生素 A 和胡萝卜素，给种鸭多喂青绿饲料、胡萝卜、块根类及黄玉米，必要时应给予鱼肝油或维生素 A 添加剂。

根据季节和饲料供应情况，冬、春季节用胡萝卜或胡萝卜缨饲喂最佳，其次为豆科绿叶；夏、秋季节用野生水草饲喂最佳，其次为绿色蔬菜、南瓜等。一旦发现此病，应尽快在日粮中添加富含维生素 A 的饲料。同时注意配合日粮不要存放过久。

2. 治疗 首选维生素 A 制剂和富含维生素 A 的鱼肝油。当鸭群中发生本病时，可于每千克日粮中补充 1 000～1 500 国际单位的维生素 A 制剂，在缺乏症尚未发展到严重阶段时进行治疗可迅速收到效果。也可在病鸭群饲料中加入鱼肝油，每千克日粮中加入鱼肝油 2～4 毫升（加时应先将鱼肝油加入拌料用的温水中，充分搅拌，使脂肪滴变细），与日粮充分混合均匀后立即饲喂。

对个别病鸭进行治疗时，雏鸭每只滴服或肌内注射 0.5 毫升鱼肝油（每毫升含维生素 A 50 000 单位）。成年种母鸭滴服或肌内注射鱼肝油 1.0～1.5 毫升，每日 3 次，效果很好。如果成年种母鸭群病情严重，则只要能在日粮中及时加入维生素 A 制剂，一般 1 个月内可恢复生殖能力。

三、佝偻病

【病因】鸭佝偻病是由于钙、磷和维生素 D 缺乏，或因饲料中的配比失调而逐渐形成的一种疾病。有人认为佝偻病是指磷和维生素 D 缺乏，而钙的缺乏症称为骨质疏松症。佝偻病经常发生于 1～4 周龄的雏鸭，有时也发生于填鸭和成年种鸭。

机体对日粮中钙和磷的吸收，与维生素 D 有密切关系。植物中含有的一种维生素 D_2 原的物质，在太阳光的照射下可转变为维生素 D_2。动物皮肤中含有的一种维生素 D_3 原的物质，在太阳光的照射下可转变为维生素 D_3。禽类维生素 D_3 的作用比维生素 D_2 强 50～100 倍，因此在配合日粮时要添加维生素 D_3 制剂。当维生素 D_3 缺乏时，会影响钙、磷的吸收，鸭就容易发生佝偻病。钙、磷比例失调或含量不足，也容易发生佝偻病。产蛋鸭在产蛋高峰期，对钙的需要量增加，如果得不到及时补充，则会造成骨骼脱钙，骨质疏松软化，鸭容易骨折和产软壳蛋。其他如阴雨季节、舍饲饲养时缺乏运动、日晒、地面潮湿、肠炎下痢等，也都是鸭发生佝偻病的重要因素。

【临床症状】

1. 雏鸭和中鸭　病初生长迟缓，走路不稳，步态僵硬，常常蹲卧。长骨头端增粗，骨质疏松，尤以跗关节最严重。鸭喙变软，易扭曲变形，啄食困难。

2. 填鸭　本病一般发生于中鸭转入填鸭阶段，病初无明显的临床症状，但逐渐出现两腿软弱无力，走动困难，经常伏卧，最后瘫痪不能站立。发病率一般较低，有时高达 50％以上，但很少死亡。

3. 成年母鸭　产蛋量减少，蛋壳变薄、易碎，常产软壳蛋和无壳蛋，腿软无力，严重时造成瘫痪。在春季配种期，很容易被公鸭踩伤致死。

【病理变化】 雏鸭和中鸭的病理变化，主要是喙的色泽变浅，质地变软，有的类似橡皮。长骨钙化不良，严重脱钙。骨髓腔变大，骨骼变薄变软，长骨和跗跖关节增粗，有的长骨弯曲，成为 O 形腿。肋骨与胸骨或肋软骨结合部呈结节状肿大，但较少见。填鸭的喙与胸骨变软，胫骨和股骨的骨质疏松，质地变脆。成年母鸭骨质疏松，胸骨变软，肋骨端可能有结节状肿大。

【诊断】 根据病鸭的症状和病理变化，可以作出诊断。计算鸭日粮中的钙、磷含量和比例及维生素 D_3 含量，更有利于诊断本病。

【防治】

第一，鸭的日粮中要有足量的钙、磷和维生素 D_3，要重视钙、磷比例。

第二，舍饲期间注意舍内保温，保持光照和通风良好，防止地面潮湿，饲养密度不宜过大。

第三，在阴雨季节和产蛋高峰阶段，要注意补加钙、磷和维生素 D_3 制剂。

第四，病初要及时调整钙、磷含量，补加大量的维生素 D_3 制剂，也可补加鱼肝油。每天 1～2 次，连续补加 5～7 天。

四、骨短粗病

鸭骨短粗病又名滑腱症。对养鸭业的危害严重，会造成较大的经济损失。

【病因】 本病的发生原因较复杂，目前已经证实的有两大因素，即营养因素和环境管理因素。

1. 营养因素　这是一类既重要而又非常广泛的因素。如饲料中缺乏锰、胆碱、烟酸、叶酸、生物素或维生素 B_6 等，均可导致本病的发生。高蛋白质日粮可以使鸭滑腱症和腿部发病率异常升高，症状加重。赖氨酸的含量过高或甘氨酸的含量过低，均可使本病加重。日粮中缺硒、早期鸭增重率过高或饲料配方不平衡，也可导致本病的发生。日粮中缺钙或钙、磷比例降低，可使雏鸭的发病率升高，症状加重。

2. 环境管理因素　在金属网上养鸭，则滑腱症的发生率几乎高达100%，而在地面养鸭却很少发病或发病率很低。环境湿度过大时易发生本病，当环境湿度高达90%以上时，有70%～80%的雏鸭会出现临床症状。另外，本病也与某些病毒性感染及遗传因素等有关。

【临床症状】本病主要发生于13周龄的雏鸭。初期病鸭两腿轻度弯曲，逐渐变为O形或X形弯曲，走路不稳，采食量减少，生长发育缓慢。胫跗关节和跗跖关节增粗，胫跗骨远端和跗跖骨近端有明显弯曲，腓肠肌腱向关节一侧滑动，重症病例可以完全滑出，故名"滑腱症"。严重病例还可造成死亡。较轻病例由网上饲养改为地面散养时，可以逐渐恢复。

【病理变化】病鸭跗跖骨近端弯曲，有不同程度的增粗，从外部形态上变为短粗，故名"鸭骨短粗病"。关节皮下结缔组织灰白，增厚，腓肠肌腱移位，从胫跗骨远端两踝间滑出，移向关节内侧，该处皮肤增厚，粗糙。局部因摩擦损伤感染后，则关节炎性肿胀，关节面粗糙，关节囊内有炎性渗出物。

【诊断】根据本病病因、临床症状和病理变化，进行综合分析，可以作出诊断。

【防治】

1. 调整日粮营养水平　雏鸭阶段每千克饲料内应含有：锰40～50毫克、胆碱2 000毫克、烟酸55毫克、生物素88毫克、维生素B_1 2.6毫克、硒0.16毫克、钙与磷的含量为饲料量的0.6%。

2. 加强鸭群饲养管理　保持适宜的饲养密度，保证舍内通风良好，清洁卫生，谨防潮湿。执行"全进全出"的管理制度，以降低发病率。

3. 淘汰　从网上饲养改为地面散养，对严重病例应立即淘汰。

五、幼鸭白肌病

幼鸭白肌病在某些缺硒地区常有发生，发病率一般较高，死亡率可达10%以上，可给养鸭业造成严重的经济损失。

【病因】维生素E的正常含量为每千克饲料11个国际单位。幼鸭日粮中长期缺硒或缺乏维生素E时，均会导致本病的发生。每千克饲料内正常的含硒量应为0.14毫克，低于这个水平时鸭就容易生病。雏鸭阶段生长发育速度快，代谢机能旺盛，更易缺硒。

【临床症状】病初鸭精神萎靡，食欲降低，采食量减少，体质逐渐消瘦，喙和腿部颜色发白，羽毛逆立，流鼻液，甩食，腹泻，头颈部肿大，不爱走动。随着病情的发展，病鸭两腿麻痹，软弱无力，走路打晃，头颈部左右摇摆，有时向后翻滚，喜卧，不能站立，最后倒卧一侧，抽搐而死。

【病理变化】

1. 脑软化症　病理变化在小脑，脑回不明显，有出血、水肿、坏死性病变。坏死区不透明，呈黄绿色。部分神经变性，脱出髓鞘。

2. 渗出性素质　机体微血管通透性增高，是本病的病理特征。在头颈部、胸前部和腹部皮下，有渗出性黄色胶冻样病变，肌纤维间质水肿，心包积液，腿部肌肉常有出血斑。

3. 肌营养不良　嗉囊平滑肌和小肠平滑肌变性，胸肌和腿部肌肉萎缩，色泽苍白，有黄白色条纹状坏死，尤其是缺乏维生素E时症状更加明显。肌纤维坏死，心肌变性，有灰白色条纹或斑块状坏死，肌胃肌组织变性，消化受阻。

【诊断】根据病因调查，并结合临床症状和病变可作出诊断。

【防治】

1. 预防

第一，要注意饲料来源。在缺硒地区或饲喂缺硒的日粮时，应加入含硒的微量元素添加剂，每千克饲料应含硒 0.14～0.15 毫克。

第二，要注意饲料的保管。饲料不要受热，防止其酸败。饲料应存放于通风、干燥、凉爽的地方，且保存时间不宜过久。需要长时间贮存时，要加入抗氧化剂。

2. 治疗　本病发生后，查出病因，及时治疗，可获得良好的疗效。

（1）由缺硒引起的，可及时采用 0.005% 亚硒酸钠液，皮下或肌内注射，每只注射 1 毫升，几小时后可见症状减轻。随后按每千克饲料加入亚硒酸钠 0.5 毫克拌喂，病鸭 1～2 天后就会康复。

（2）如果缺乏维生素 E 时，每只鸭经口一次给予 300 国际单位。每天 1 次，连续给予 2～3 天，就会康复。每只雏鸭每天给予 50～100 毫克维生素 E 制剂，连喂 15 天，也会取得明显疗效。但严重病例难以康复。

据国外资料报道，每千克饲料中加入 2.5 毫克硒和 250 国际单位维生素 E，或 0.5 毫克硒和 50 国际单位维生素 E，均可获得良好的防治效果。

六、维生素 B_2 缺乏症

维生素 B_2（核黄素）是机体生物氧化过程中多种酶的组成部分，参与体内许多营养的代谢过程，对鸭的正常生长发育与繁殖都有很大影响。

【病因】主要有：①饲料单一，缺乏维生素 B_2；②配合饲料中未添加多维素，或多维素品质低劣；③饲料贮存不当，尤其是在暴晒或遇碱性物质时，饲料中的维生素 B_2 被破坏；④长期给鸭饲喂高脂肪、低蛋白质饲料，会导致

机体对维生素 B_2 的需要量增加；⑤环境温度或高或低时，机体对维生素 B_2 的消耗量大大增加。

【临床症状】维生素 B_2 缺乏常发生在 2~4 周龄的雏鸭，主要表现为消化机能紊乱，生长缓慢，消瘦，贫血，衰弱，羽毛蓬乱，绒毛稀少，严重时出现腹泻。特征性症状是趾爪向内蜷曲，不能站立，以飞关节着地，瘫痪不起，两翅展开。病鸭虽有食欲，但因无法行走站立采食或被踩而死。成年鸭主要表现产蛋率及蛋的孵化率显著降低，有些种蛋孵出的幼雏体小，浮肿，趾爪蜷曲，绒毛稀少，卵黄吸收慢。

【病理变化】坐骨神经和臂神经显著变粗；胃黏膜萎缩，胃壁变薄；肠内有多量泡沫状内容物；肝脏肿大，含较多脂肪。

【防治】给病鸭饲喂富含维生素 B_2 的饲料或多喂青绿饲料。病鸭饲料中，每千克添加核黄素 20 毫克左右，连用 1 周。病情严重的鸭可口服核黄素，雏鸭每只每天 2 毫克，成年鸭每只每天 5~6 毫克。饲料中适当添加多维素，一般保持雏鸭每千克饲料中含有核黄素 3.6 毫克左右、育成期 1.8 毫克、种鸭 2.2~3.8 毫克。

第二节　中毒病的诊断与防治

鸭与毒物接触后引起的疾病叫中毒或中毒病。中毒可能是急性的，也可能是慢性的。急性中毒是鸭在短时间内，一次或几次摄入较大剂量的毒物而引起的，通常病症严重，鸭突然死亡或迅速死亡。慢性中毒是鸭在较长时间内，不断摄入或吸收小剂量的毒物，病程进展较慢，往往先出现精神沉郁、采食量减少或增重下降，随后临床症状逐渐加重，零星死亡。在生产实践中遇到的鸭中毒病例多为急性中毒，通常是意外事故，很多是因工作人员疏忽、误用与过量使用化学药品；或因饲养管理不当，如煤气中毒等造成的。发生中毒的途径，一般多经口摄入或经呼吸道吸入，但也可通过其他途径，如透过皮肤或黏膜被鸭机体摄入，也可通过注射器注入等。

鸭中毒的一般特征是：①饲喂后不久突然发病死亡；②同群鸭的症状与病变相同；③体温正常；④个体大的鸭先发病；⑤多有神经机能紊乱症状。

一、有机磷中毒

有机磷类农药有多种，鸭最常发生的有机磷中毒为农业生产中应用最多的农药。有机磷杀虫剂是一种神经性毒剂，被消化道、呼吸道、皮肤和黏膜吸收后进入体内，通过血流迅速分布全身各器官组织，可透过血脑屏障，对中枢神经系统产生毒害作用（如敌敌畏中毒）。

【病因】鸭有机磷中毒多发生在鸭舍喷洒有机磷农药灭蝇而污染饲料时，或因给鸭饲喂从喷洒过有机磷农药的粪坑中掏回的蝇蛆而中毒。

【临床症状】发病初期，病鸭精神沉郁，不食，不愿行动，流涎，从鼻腔流出浆液性鼻液，瞳孔缩小，可视黏膜苍白，两翅下垂，双腿无力，伏卧，下痢，排出带有灰白色泡沫的黏液稀粪。随病情的进一步发展，病鸭呼吸困难，伸颈抬头，最后昏迷倒地死亡。

【病理变化】血液凝固不良，鼻腔黏膜充血、出血，内有浆液性液体。肺充血、肿胀，支气管内充有白色泡沫。肾肿大、质脆，肾膜充血，切片暗红。小肠黏膜充血、出血。

【诊断】根据发病迅速，接触过喷洒有机磷农药或采食过蝇蛆；临床症状为沉郁，流涎，从鼻腔流出浆液性鼻液，瞳孔缩小，可视黏膜苍白，呼吸困难；血液凝固不良，支气管内充有白色泡沫等可作出初步诊断。

【治疗】

第一，对尚未出现症状的鸭，每只可口服阿托品 0.1 毫克。

第二，对中毒较轻的病鸭，每只可肌内注射硫酸阿托品 0.5 毫克和 10％葡萄糖生理盐水 2 毫升。

第三，对中毒较重的病鸭，每只大腿内侧肌内注射硫酸阿托品 1.5 毫克、双复磷 10 毫克及 10％葡萄糖生理盐水 2 毫升。

二、喹乙醇中毒

喹乙醇又名快育诺，既能促进鸭的生长发育，又具有较强的抗菌和杀菌作用，且价格便宜，故常用于鸭的饲料添加剂和防治某些传染病。

【病因】 使用不当（如用量过大、使用过久）或混于饲料中搅拌不均，都可使鸭出现中毒。

【临床症状】 病初鸭精神沉郁，食欲减少或不食，体温正常，翅下垂，行走摇摆或伏卧，严重时瘫痪在地而不能起立，最终衰竭而死。慢性中毒时病鸭食欲减少，发育受阻，消瘦，被毛粗乱，不愿走动或瘫痪。鸭喙出现水疱，疱液混浊，后破裂，脱皮干涸龟裂。喙上短下长。眼单侧或双侧失明。

【病理变化】 急性中毒病例无明显的肉眼变化。慢性中毒病例常见消瘦，发育不良，上喙出现水疱、皱缩，甚至畸形，喙与腿骨较软，肝脏微肿，肠道轻度肿胀。

【诊断】 首先调查是否给鸭饲喂过喹乙醇，饲喂量是否为 20～30 毫克/千克及以上（1 次量，以体重计）或连续饲喂高剂量而发生药物积蓄作用导致中毒；或因药物使鸭肠道菌群失调，引起消化机能紊乱，食欲废绝，衰减而死。

【防治】使用喹乙醇时，应严格按说明书规定剂量喂服，既不得任意增加剂量，也不得连续高剂量喂服，经饲料用药一定要搅拌均匀，发现有中毒症状时立即停喂。

三、食盐中毒

食盐是鸭日粮中不可缺少的矿物质，适当给予既可增强饲料的适口性，又能维持血液中的电解质平衡，但摄入过量也会引起中毒。

【病因】饲料或饮水中食盐含量过高或饮水受到限制，均可导致鸭的食盐中毒。鸭对食盐的毒性作用很敏感，饲料中加入2%的食盐可使雏鸭生长受到抑制，种鸭繁殖能力和蛋的孵化率降低。体重为0.6～0.8千克的鸭，一次性只要食入5克以上的食盐就可引起死亡。

【临床症状】病鸭精神萎顿，食欲废绝，口渴增加，随后发生腹泻，有的出现惊厥、过敏等。

【病理变化】食盐中毒时无特征性的病变。幼鸭可见消化道充血和出血，内脏器官水肿，腹腔、心包积水等，肾脏、输尿管中有尿酸盐沉积。

【防治】往饲料中添加食盐时切莫过量，同时要充分混匀，并给鸭提供充足的饮水。对确认饮入食盐过多的鸭，应间隔1～2小时有限地供给饮水，防止组织发生严重水肿。

四、亚硝酸盐中毒

【病因】鸭亚硝酸盐中毒是由于采食了经堆放发热而变质或经加工不当的包菜或白菜而发生的一种中毒。在一定温度、湿度及酸碱度条件下，反硝化细菌及其分泌的酶，将菜中的硝酸盐转化为亚硝酸盐，鸭食入后会陆续中毒死亡。

【临床症状】鸭采食菜后约1小时，出现不安，流涎，口吐白沫，驱赶时行走无力，摇摆并呈瘫痪状，结膜发绀，呼吸困难。

【病理变化】血液呈酱油色，凝固不良。食道或嗉囊内充满菜料，并有浓烈的酸败味。小肠黏膜充血，大肠臌气。心肌无弹力，心外膜有出血点。肝呈黄白色，质软肿胀。

【诊断】调查鸭是否采食过堆放变质或经煮后加盖焖放过夜的菜帮菜叶而迅速发病。流涎，呼吸困难，死后血液呈酱油色并凝固不良，据此即可作出初步诊断。确诊需取饲料送兽医检验部门做实验室诊断。

【治疗】可按0.1毫升/千克（以体重计）静脉或肌内注射1%美蓝溶液，必要时重复1次。

五、马铃薯中毒

【病因】发芽的马铃薯粉碎后给鸭饲喂，会导致其中毒，本病多发生于春季。

【临床症状】中毒鸭精神不振，羽毛逆立，眼半闭。步样不稳，不愿行动，强行驱赶运时步蹒跚。重症鸭口腔黏膜、冠、髯发紫，昏迷，抽搐，全身痉挛，最后呼吸麻痹，窒息而死。

【病理变化】病死鸭血液呈暗紫色；肝、脾肿大、淤血；胃肠卡他性炎症，腺胃黏膜脱落或有出血点；心包积液，心内外膜出血。

【诊断】临床诊断时了解鸭是否采食过发芽的马铃薯，并根据症状和剖检变化可作出初步诊断。实验室诊断时将剩余的马铃薯发芽部分切开，于芽附近加硝酸，若立即呈玫瑰红色则证明给鸭喂的马铃薯含有毒素。

【治疗】内服10%葡萄糖10毫升或0.02%高锰酸钾或0.5%鞣酸溶液各10毫升，或肌内注射20%安钠咖注射液1毫升。

六、一氧化碳中毒

【病因】一氧化碳中毒多发生于育雏期的雏鸭。由育雏室内通风不良，或煤炉装置不合适或煤烟道不通畅等造成空气中的一氧化碳浓度增高所致，在我国北方寒冷地区发生较多。由于鸭对一氧化碳非常敏感，因此一氧化碳中毒应引起养鸭户高度重视。

【临床症状】急性中毒时病鸭表现不安，嗜睡，呆立，运动失调，呼吸困难；随后不能站立，倒于一侧或伏卧，头向前伸，这是一个重要的症候，临死前发生痉挛或惊厥。亚急性中毒时，病鸭羽毛粗乱，食欲减少，精神呆滞，生长缓慢。

【病理变化】急性病例的主要变化是肺和血液呈樱桃红色；亚急性中毒不见明显病变，不易诊断。

【防治】注意育雏室内应通风良好，煤炉装置要安全，经常检查烟道是否通畅，加煤或封火时一定加盖。发现雏鸭有中毒征兆时，要立即打开窗户，最好将雏鸭移至通风良好、空气新鲜的地方，中毒不严重的雏鸭可以很快恢复。

第三节 鸭杂症的诊断与防治

一、鸭恶癖

鸭恶癖是鸭群中一只或多只鸭表现的不良行为，常造成损伤、死亡或养殖户经济上的损失，如啄癖。啄癖有很多种类型，常见于家鸭和密集饲养的鸭群。不同的品种表现略有不同，北京鸭似乎比轻型品种的蛋鸭更严重。不同年龄的鸭表现也不同，与季节、饲养方式也有一定的关系。

【病因】鸭发生恶癖，主要是由于饲养管理不当引起的。例如，饲养密度过大，运动不足，圈舍通风不良，光线过强，饲料单一，蛋白质缺乏或饲料中缺乏含硫的氨基酸，饲料中无机盐和维生素不足，或因饲料中长期不补盐，饲喂时间不固定等都可造成啄羽癖或啄肛癖。

1. 啄羽癖　多发生在中鸭或后备鸭转成鸭开始生长新羽毛或换小毛时。啄羽主要是啄食背后部的羽毛，被啄鸭背后部的羽毛稀疏残缺，而后生羽毛则毛根粗硬，不利于屠宰加工，影响品质。

2. 啄肛癖　多发生于产蛋母鸭，尤以产蛋后期的母鸭较为严重。因鸭腹部韧带和肛门括约肌松弛，产蛋后不能及时收缩回而留露在外，造成互相啄肛。有的产蛋鸭产蛋时因蛋形过大，肛门破裂出血而导致追啄。还有的公鸭，因体型过大，笨拙而不能与母鸭交配，时而追啄母鸭，啄破肛门括约肌，严重者可将喙伸入母鸭泄殖腔，啄破黏膜；有时将直肠或子宫啄出，造成死亡。

【防治】给鸭提供丰富的蛋白质、无机盐和维生素，降低饲养密度，避免过分拥挤，改善通风与光线强度。

第一，啄羽癖有可能是饲料中缺乏硫化钙而引起的，应在饲料中加入硫化钙，一般每天每只给予 1～4 克，啄羽癖可很快消失。如果饲养条件差或密度不易降低，则可采用初生鸭断喙的措施。

第二，发现啄肛癖的鸭，要进行隔离饲养或淘汰或治疗。被啄鸭的肛门或泄殖腔轻度出血者，可及时将鸭隔离，用 0.1% 的高锰酸钾水洗患部，其后再涂以抗生素软膏。如果直肠或子宫已脱出、发生水肿或坏死，则宜淘汰。

二、阴茎垂脱

鸭阴茎垂脱，俗称"掉鞭"，是鸭群常见病。常因外伤垂脱后不能回缩到泄殖腔，发生炎症或溃疡，致使不能继续留作种用而被淘汰。

【病因】本病多发生在冬季，当公、母鸭在陆地或鸭舍交配时，偶有其他公鸭靠近并啄正在交配中的公鸭阴茎，致使阴茎受伤，疼痛出血而不能回缩，发炎、水肿乃至溃疡。另外，也可能是公鸭在污浊的水塘交配时，阴茎露出而被蚂蟥、鱼类咬伤，或因交配时阴茎受损伤而被细菌感染发炎。

【临床症状】如因外伤，则见阴茎上有伤痕，新伤则有血迹。如若发炎，则见阴茎肿胀、淤血。如果病程较久则常发生溃疡和坏死，阴茎呈紫红色或黑色。因有炎性分泌物，所以时见垂露的阴茎黏附泥土，结成硬痂。

【防治】

第一，公、母鸭种鸭要有合理的比例，一般以1：（6～8）为宜。公鸭饲养过多不仅浪费饲料，而且会发生啄咬阴茎的恶癖。

第二，当阴茎受伤不能回缩时，应及时将公鸭隔离，用0.1%高锰酸钾溶液冲洗干净，涂以磺胺软膏，协助将其受伤的阴茎收纳回去。如果已发炎肿胀、溃疡或坏死则不易治愈。

三、皮下气肿

皮下气肿，俗称"气嗉"或"气脖子"，多发生于雏鸭和中鸭，偶尔也可见于填鸭。

【病因】皮下气肿是由于管理不当、粗暴捉拿，使颈部气囊或锁骨下气囊破裂，或因其他尖锐异物刺破气囊而使气体溢于皮下形成的。此外，也可能是肱骨、鸟喙骨和胸骨等有气腔的骨骼发生骨折时，使气体窜入皮下。

【临床症状】颈部气囊破裂，羽毛逆立。轻者气肿局限于颈的基部，重者可延伸到颈的上部，并且在口腔的舌系带下部出现臌气泡。若腹部气囊破裂或由颈部蔓延到胸腹部皮下，则胸腹围增大，触诊时胸腹壁紧张，叩诊呈鼓音。如不及时治疗，则气肿继续增大。病鸭表现精神沉郁，呆立，呼吸困难。

【防治】饲喂时注意避免鸭群拥挤，捉拿时防止粗暴摔碰，避免损伤气囊。发生皮下气肿后可用注射针头刺破膨胀的皮肤，放出气体，但不久又可膨胀，故必须多次方能奏效。最好用烧红的铁条，在膨胀部烙个破口，将空气放出。因烧烙的伤口暂时不易愈合，所以溢出的气体可随时排出，此能缓解症状，鸭逐渐痊愈。

四、肉鸭腹水症

肉鸭腹水症是由多种因素引起的一种综合征，患鸭腹部膨大，腹腔积液。多发于2～7周龄发育良好、生长速度较快的肉鸭，且多发生在寒冷的季节。公鸭多发。在国内尚未见正式报道，国外也少有研究。

【病因】腹水症是多种因素引起的一种综合征，根据目前的资料概括起来可有下列因素。

1. 营养因素　具体有：日粮中能量较高；发育中的肉鸭生长速度过快，对氧的需求量增加，而饲养环境中又缺氧（如饲养密度过大、通风不良、舍内二氧化碳或一氧化碳浓度过高）；饮水或日粮中盐含量增加，维生素 E、硒缺乏等。

2. 霉菌毒素因素　日粮中谷物发霉、肉骨粉或鱼粉霉败均产生大量的霉菌毒素，从而使肉鸭发生腹水症。

3. 化学毒物因素　日粮中含有的有害物质二联苯氯化物等，可导致本病的发生。

4. 遗传因素 肉用型鸭（特别是公鸭）生长迅速，存在亚临床症状的肺心病（一般指肺源性心脏病），可能是发生本病的生理学基础。

5. 细菌毒素因素 大肠埃希氏菌、分枝杆菌、黄曲霉毒素等能引起鸭的肝淀粉样变或肝硬变，常导致腹水症的发生。

【临床症状】初期症状是病鸭喜卧，不愿走动，精神萎顿，羽毛蓬乱，腹部膨大，触之松软有波动感，腹部皮肤变薄、发亮，羽毛脱落，捕捉时易抽搐死亡。

【病理变化】喙缘、脚蹼及骨骼肌发绀。腹腔内有大量清亮、呈茶色或啤酒样积液，积液中或有纤维素絮状凝块。心脏体积增加，质地变软，右心室极度扩张，心壁变薄，右心房内充满血凝块，心包积液。肝脏肿胀，颜色深红，肝包膜增厚，色灰白；边缘钝圆，切面流出暗红色液体；偶见肝实质有小的坏死灶。肺充血，水肿。肾充血，肿胀。

【诊断】根据发病日龄、临床症状及病理变化特征，如腹腔积液，心脏体积增大，右心室扩张，肝脏肿胀、质韧，结合发病原因即可作出诊断。

【防治】首先调查清楚可能的发病因素，并采取相应的对策。例如，改善鸭群环境条件，保持舍内通风换气或降低饲养密度，变换饲料或适当降低日粮中的能量或减少采食量，控制鸭的生长速度，在日粮中添加维生素C（每吨日粮中的添加量为500克）等。

五、痛风

【病因】痛风是由于鸭体内蛋白质代谢发生障碍所引起的一种内科病，多发生于缺乏青绿饲料的寒冬和早春季节。不同品种和日龄的鸭均可发生，临床上多见于幼龄麻鸭。本病发生的原因主要与饲料和肾脏机能障碍有关。

（1）饲喂过量的蛋白质饲料，尤其是富含核蛋白和嘌呤碱的饲料，常见的包括动物内脏、肉类、鱼粉等，以及大豆粉、菠菜、莴苣、甘蓝等。

（2）肾脏机能不全或机能障碍。幼鸭的肾脏功能不全，蛋白质饲料饲喂过量时不仅不能被机体吸收，相反会加重肾脏负担，破坏肾脏功能，临床所见多与过量使用损害肾脏机能的抗菌药物（如磺胺类药物等）有关。

（3）缺乏充足的维生素，饲料中缺少维生素 A 也会促进本病的发生。此外，鸭舍潮湿、通风不良、缺乏光照及由各种疾病引起肠道炎症都是本病的诱发因素。

【临床症状】根据尿酸盐沉积的部位不同，痛风可分为两种病型，即内脏型和关节型。

1. 内脏型　主要见于 1 周龄以内的雏鸭，患病鸭精神萎顿，食欲废绝，两肢无力行走，衰弱，常在 1～2 天内死亡。青年鸭或成年鸭患病时，精神、食欲不振，病初口渴，继而食欲废绝，形体瘦弱，行走无力，排稀白色或半黏稠状并含有多量尿酸盐的粪便，逐渐衰竭死亡，病程 3～7 天。有时成年鸭在捕捉中也会突然死亡，多因心包膜、心肌上有大量的尿酸盐沉着，影响心脏收缩而导致的急性心力衰竭。

2. 关节型　主要见于青年鸭或成年鸭，患病鸭的病肢关节肿大，触之较硬实，常跛行，有时两肢关节均出现肿胀，严重者瘫痪。其他临床表现与内脏型痛风病例相同，病程为 7～10 天。有时临床上也会出现混合型病例。

【病理变化】所有死亡的病例均见皮肤、脚蹼干燥。内脏型病例剖检可见内脏器官表面沉积大量的尿酸盐，如一层重霜，尤其以心包膜沉积最严重，心包膜增厚，附着在心肌上，与之粘连，心肌表面亦有尿酸盐沉着；肾脏肿大，呈花斑样，肾小管内充满尿酸盐，输尿管扩张、变粗，内有尿酸结晶，严重者可形成尿酸结石。少数病例皮下疏松结缔组织亦有少量尿酸盐沉着。关节型病例，可见病变的关节肿大，关节腔内有多量黏稠的尿酸盐沉积物。

【防治】

（1）改善饲养管理条件，调整饲料配制比例，适当减少蛋白质饲料的用量，同时供给鸭充足而又新鲜的青绿饲料，并补足丰富的维生素 A。

（2）发病鸭群停用抗菌药物，特别是停用对肾脏有毒害作用的药物，在平时疾病预防中也要注意防止用药过量。

参 考 文 献

李德发，2001. 中国饲料大全 [M]. 北京：中国农业出版社.

林化成，2013. 肉用种鸭饲养管理与疾病防治 [M]. 合肥：安徽科学技术出版社.

卢炳瑞，2005. 家禽养殖技术 [M]. 长春：吉林摄影出版社.

杨风，2004. 动物营养学 [M]. 北京：中国农业出版社.

杨宁，2002. 家禽生产学 [M]. 北京：中国农业出版社.

曾凡同等，1999. 养鸭全书 [M]. 成都：四川省科技出版社.

张宏福，1996. 动物营养参数与饲养标准 [M]. 北京：中国农业出版社.

张孝和，李玉冰，2002. 肉鸭养殖技术 [M]. 北京：中国农业大学出版社.

张子仪，2000. 中国饲料学 [M]. 北京：中国农业出版社.

NRC，1994. 家禽营养需要 [M]. 蔡辉益，等译. 北京：中国农业科技出版社.

图书在版编目（CIP）数据

肉用种鸭精准饲养管理与疾病防治/林化成主编
. —北京：中国农业出版社，2021.3
ISBN 978-7-109-27887-5

Ⅰ.①肉… Ⅱ.①林… Ⅲ.①肉用鸭—饲养管理②肉
用鸭—鸭病—防治 Ⅳ.①S834②S858.32

中国版本图书馆 CIP 数据核字（2021）第 022496 号

中国农业出版社出版
地址：北京市朝阳区麦子店街 18 号楼
邮编：100125
责任编辑：周晓艳
版式设计：王　晨　责任校对：沙凯霖
印刷：北京通州皇家印刷厂
版次：2021 年 3 月第 1 版
印次：2021 年 3 月北京第 1 次印刷
发行：新华书店北京发行所
开本：720mm×960mm　1/16
印张：15
字数：200 千字
定价：45.00 元
